国家公园名词手册

Manual for National Park

主　编　朱彦鹏　李博炎　李俊生

副主编　刘伟玮　任月恒　付梦娣　罗建武

测绘出版社

·北京·

图书在版编目(CIP)数据

国家公园名词手册 / 朱彦鹏,李博炎,李俊生主编
. — 北京 :测绘出版社,2020.12
ISBN 978-7-5030-4270-6

Ⅰ.①国… Ⅱ.①朱… ②李… ③李… Ⅲ.①国家公家园—手册 Ⅳ.①S759.91-62

中国版本图书馆 CIP 数据核字(2019)第 239878 号

责任编辑 侯杨杨　　**封面设计** 李　伟　　**责任印刷** 吴　芸

出版发行	测绘出版社	**电　　话**	010—68580735(发行部)
地　　址	北京市西城区三里河路 50 号		010—68531363(编辑部)
邮政编码	100045	**网　　址**	www.chinasmp.com
电子信箱	smp@sinomaps.com	**经　　销**	新华书店
成品规格	148mm×210mm	**印　　刷**	北京建筑工业印刷厂
印　　张	7	**字　　数**	201 千字
版　　次	2020 年 12 月第 1 版	**印　　次**	2020 年 12 月第 1 次印刷
印　　数	0001—2000	**定　　价**	58.00 元

书　　号 ISBN 978-7-5030-4270-6

前 言

“国家公园”的概念起源于美国，其建立国家公园的初衷是为了保护印第安文化遗迹、自然景观和野生动植物资源。随着经济社会发展及人们对保护生物多样性和维持生态系统服务功能重要性认识的深化，最初的“国家公园”已经演变为包括国家公园、自然保护区等多种保护形式在内的自然保护地体系。

我国自 1956 年建立了第一个自然保护地——鼎湖山自然保护区以来，自然保护地事业蓬勃发展，目前已建立了包括自然保护区、风景名胜区、森林公园、地质公园、湿地公园等十多类自然保护地。2013 年，中国共产党第十八届中央委员会第三次全体会议通过的《中共中央关于全面深化改革若干重大问题的决定》提出，要建立国家公园体制。这是我国自然保护地管理体制的重大改革，也是实现重要生态功能区域整体保护和统一管理的必经之路。

2017 年，中共中央办公厅、国务院办公厅正式印发了《建立国家公园体制总体方案》，明确了建立国家公园体制的总体要求、目标任务和制度措施。《建立国家公园体制总体方案》的出台，标志着试点工作取得重要进展，我国国家公园体制的顶层设计初步完成，国家公园建设进入实质性推进阶段，对建立中国特色国家公园体制，加快建设生态文明制度，推动我国自然保护地管理体制改革，实现对重要自然生态系统和珍贵自然遗产的保护，具有重要意义。2019 年，中共中央办公厅、国务院办公厅印发了《关于建立以国家公园为主体的自然保护地体系的指导意见》。该意见的出台是贯彻落实习近平生态文明思想、统筹山水林田湖草系统治理的具体举措，也是建立以国家公园为主体的自然保护地体系的根本遵循和指引，标志着我国自然保护地进入全面深化改革的新阶段。

本书力求通过通俗易懂的语言，以图文并茂的方式向公众阐述国家公园相关的概念、知识、理念和方法，希望为推动公众了解、学习和主动参与我国国家公园体制建设而贡献绵薄之力。本书包含了国家公园的基本概念、生态系统、自然资源、保护管理、规划体系、资金制度、社区发展、社会参与、生态旅游、环境教育，以及法律法规及标准、基础知识、国际发展及争议等，试图做到可以解答日常工作或生活中遇到的绝大部分与国家公园相关的疑难问题。本书既可作为工具书，也可作为科普读物，读者以从事国家公园管理工作的政府部门工作人员、国家公园保护管理的从业人员、与国家公园密切相关的科研人员等为主。

本书在撰写过程中得到了生态环境部自然生态保护司、国家发展和改革委员会社会发展司等有关部门的支持，参考了国内外多家研究机构、百余名学者和研究人员的研究成果，受到了中国科学院地理科学与资源研究所李文华院士、国务院发展研究中心苏杨研究员和中国自然资源经济研究院余振国研究员三位权威专家的推荐。中国科学院生态环境研究中心的苏旭坤博士也为本书提供了部分图片。在此向为本书提供了帮助和支持的同行致以诚挚的感谢。

由于水平有限，加之时间仓促，敬请广大读者指出书中的不当乃至谬误之处，以便我们做进一步修改和完善。

目 录

1 自然保护地体系

1.1 自然保护地 …… 1
1.2 美国自然保护地及国家公园 …… 5
1.3 英国自然保护地及国家公园 …… 7
1.4 法国自然保护地及国家公园 …… 9
1.5 澳大利亚自然保护地及国家公园 …… 10
1.6 南非自然保护地及国家公园 …… 12
1.7 中国自然保护地体系 …… 13

2 国家公园体制

2.1 建立国家公园体制总体方案 …… 29
2.2 国家公园体制与生态文明的关系 …… 30
2.3 山水林田湖草生命共同体 …… 31
2.4 国家公园管理体制 …… 32
2.5 国家公园管理机构 …… 33
2.6 国家公园管理制度 …… 34
2.7 协同管理机制 …… 34
2.8 国家公园理念 …… 35
2.9 国家公园功能定位 …… 35
2.10 国家公园的设立标准 …… 36
2.11 国家公园的设立与调整 …… 38
2.12 国家公园监督考核 …… 38

3 生态系统

3.1 生态系统…… 42
3.2 生态系统类型…… 42
3.3 生态系统结构…… 43
3.4 生态系统组成…… 47
3.5 生态系统功能…… 48
3.6 生态系统服务…… 50
3.7 生态系统完整性…… 50
3.8 生态系统原真性…… 52
3.9 生态系统健康…… 52
3.10 生态系统退化…… 52
3.11 生态系统监测…… 54
3.12 生态敏感性…… 54
3.13 生态脆弱性…… 54
3.14 生态压力…… 55
3.15 生态弹性…… 55
3.16 生态安全…… 55

4 自然资源

4.1 自然资源…… 57
4.2 自然资源资产…… 57
4.3 自然资源产权制度…… 58
4.4 自然资源管理…… 59
4.5 自然资源管理体制…… 60
4.6 自然资源监管体制…… 61
4.7 所有者和监管者…… 61
4.8 所有权分级…… 62

4.9 自然资源调查与评价…………………………………… 63
4.10 自然资源产权登记制度 ……………………………… 63
4.11 自然资源确权登记 …………………………………… 63
4.12 自然资源产权交易制度 ……………………………… 65
4.13 地役权 ………………………………………………… 66
4.14 自然资源有偿使用制度 ……………………………… 67
4.15 自然资源资产负债表 ………………………………… 67
4.16 国土空间用途管制 …………………………………… 68
4.17 自然生态空间用途管控 ……………………………… 68

5 国家公园保护对象

5.1 生物多样性…………………………………………………… 70
5.2 生态系统多样性……………………………………………… 71
5.3 物种多样性…………………………………………………… 78
5.4 景 观………………………………………………………… 83
5.5 自然遗迹……………………………………………………… 85
5.6 历史文化……………………………………………………… 86

6 国家公园生态影响干扰因素

6.1 干 扰………………………………………………………… 88
6.2 气候变化……………………………………………………… 89
6.3 火干扰………………………………………………………… 89
6.4 地壳运动……………………………………………………… 92
6.5 气象灾害……………………………………………………… 92
6.6 生物灾害……………………………………………………… 93
6.7 土壤施肥干扰………………………………………………… 94
6.8 放 牧………………………………………………………… 95
6.9 狩 猎………………………………………………………… 96

6.10 生产建设活动 …… 96
6.11 生物入侵 …… 97
6.12 生境破碎化 …… 99

7 生态环境保护

7.1 生态系统管理 …… 100
7.2 生境管理 …… 100
7.3 生态恢复 …… 101
7.4 生态重建 …… 101
7.5 生态评价 …… 102
7.6 就地保护 …… 102
7.7 迁地保护 …… 103
7.8 生物廊道 …… 103
7.9 生物监测 …… 104
7.10 指示生物 …… 104
7.11 生物多样性监测 …… 105
7.12 生物多样性影响评估 …… 106
7.13 环境监测 …… 106
7.14 环境影响评价 …… 106
7.15 管理评估 …… 107
7.16 应急管理 …… 108
7.17 分区管理 …… 108
7.18 第三方评估 …… 109

8 国家公园规划

8.1 国家公园规划体系 …… 110
8.2 国家公园规划理论 …… 110
8.3 国家公园规划方法 …… 112

8.4 国家公园发展规划 …… 114
8.5 国家公园总体规划 …… 116
8.6 国家公园专项规划 …… 119
8.7 国家公园详细规划 …… 123
8.8 国家公园年度工作计划 …… 124
8.9 国家公园规划编制 …… 124
8.10 国家公园规划审批 …… 124

9 国家公园资金制度

9.1 事权、财权与支出责任 …… 126
9.2 公益性和公共物品 …… 127
9.3 国家公园财政体制 …… 129
9.4 国家公园资金保障 …… 130
9.5 国家公园支出结构 …… 136
9.6 国家公园资金管理 …… 136

10 社区发展与社会参与

10.1 社区共建共管 …… 138
10.2 社区发展 …… 140
10.3 社会参与 …… 143
10.4 人类生产生活管控 …… 148

11 生态旅游及环境教育

11.1 生态旅游 …… 150
11.2 旅游活动管控 …… 157
11.3 环境教育 …… 159
11.4 基础设施 …… 165

12 国际公约、法律法规及标准

12.1 国际公约 …… 175
12.2 国家公园等自然保护地立法的国际借鉴 …… 178
12.3 中国自然保护地法律法规 …… 186
12.4 国家公园体制试点立法探索 …… 193
12.5 现行各类自然保护地标准规范 …… 196
12.6 国家公园试点在标准规范方面的探索 …… 199

主要参考资料 …… 201
索　引 …… 207

1 自然保护地体系

1.1 自然保护地

1.1.1 自然保护地概念

世界自然保护联盟(International Union for Conservation of Nature,IUCN)定义自然保护地为"一个明确划定的地理空间,通过法律或其他有效手段获得认可、得到承诺和进行管理,以实现对自然及其所拥有的生态系统服务和文化价值的长期保护"。具体特定词语解释如表1-1所示。《生物多样性公约》则将自然保护地定义为"一个划定地理界线、为达到特定保护目标而指定或实行管制和管理的地区"。自然保护地是世界各国自然保护战略的核心,也是世界公认的最有效的自然保护手段,对保障全球生态安全、保护生物多样性、减缓气候变化、保存历史文化遗产,以及为人类提供各种自然福祉(包括各种生态产品、科学研究、陶冶情操、娱乐等)发挥着重要作用。

表1-1 世界自然保护联盟关于自然保护地定义中特定词语的解释

词语	解释
明确划定的地理空间	地理区域:包括陆地、内陆水域、海洋和沿海区域,或两个或多个区域的组合; 空间:包含三个维度,即地面以上空间和水层,以及亚层区域(如河床内洞穴); 明确划定:已约定的或划定边界的空间区域
认可	保护工作可以包括一系列由人们公布的多种治理类型,以及由国家确定的保护类型,但这些区域都需以某种方式得到认可(如包含在世界保护地数据库中)

续表

词语	解释
承诺	以具体有约束力的形式承诺进行保护，如国际公约和协定、国家、省级和地方法律、习惯法、非政府组织（non-governmental organization，NGO）协议、私人信托和企业政策、认证体系
管理	采取积极措施保护自然（及其他）价值，这也是保护地建立的初衷；包括将某区域完全保留原样作为最佳的保护策略
法律和其他有效手段	须通过一些渠道对保护地进行公示和认可，包括国际公约或协定，或其他有效的但非公示的手段，如通过既定的传统规则对社区保护的区域进行管理，或通过较为成熟的非政府组织政策给予承认
实现	指某种程度的管理绩效
自然	指遗传、物种和生态系统层次的生物多样性，同时也指代地理多样性、地貌和更广泛的自然价值
生态系统服务	指与自然保护相关但不影响其保护目标的生态系统服务，包括提供产品的服务（食品和水源）、调节服务（洪涝调节、水源涵养）、支持功能（土壤形成、养分循环）、文化服务功能（消遣的、精神层面的、宗教的和其他非物质的益处）
文化价值	指不与保护目标相悖的文化价值
长期	应当对保护地进行永久管理，而不是进行短期或暂时管理
保护	此处指在原地条件下维持生态系统及自然和半自然生境，以及在自然环境中维持物种最小生存种群，或在圈养和栽培物种情况下，须在这些物种形成其特别性状的环境条件下开展的保护

1.1.2 自然保护地分类体系

世界自然保护联盟根据管理目标对各种类型自然保护地进行分类，提出了6大类的自然保护地管理分类体系（表1-2）。该分类体系主要包括严格的自然保护地和荒野保护地、国家公园、自然文化遗迹或地貌、栖息地/物种管理区、陆地/海洋景观保护地、自然资源可持续利用自然保护地。目前，《IUCN 自然保护地管理分类应用指南》已经成为国际上自然保护地管理分类的通用标准，得到《生物多样性公约》、联合国机构，以及许多国际组织和国家政府的认可和应用。

表 1-2 世界自然保护联盟自然保护地体系

序号	名称	描述
Ⅰa	严格的自然保护地	指严格保护的原始自然区域； 首要目标是保护具有区域、国家或全球重要意义的生态系统、物种(一个或多个物种)和地质多样性； 处于最原始自然状态、拥有基本完整的本地物种组成和具有生态意义的种群密度，具有原始的极少受到人为干扰的完整生态系统和原始的生态过程，通常没有人类定居； 需要采取最严格的保护措施限制人类活动和资源利用，以确保其保护价值不受影响； 在科学研究和监测中发挥不可替代的本底参考价值
Ⅰb	荒野保护地	指严格保护的大部分保留原貌，或仅有些微小变动的自然区域； 首要目标是保护其长期的生态系统完整性； 特征是面积很大、没有现代化基础设施、开发和工业开采等活动，保持高度的完整性，包括保留生态系统的大部分原始状态、完整或几乎完整的自然植物和动物群落，保存了其自然特征，未受人类活动的明显影响，有些只有原住民和本地社区居民； 需要严格保护和管理，保护大面积未受人为影响区域的自然原貌，维持生态过程不受开发或者大众旅游的影响
Ⅱ	国家公园	指保护大面积的自然或接近自然的生态系统； 首要目标是保护大尺度的生态过程，以及相关的物种和生态系统特性； 典型特征是面积很大并且保护功能良好的自然生态系统，具有独特的、拥有国家象征意义和民族自豪感的生物和环境特征或者壮美的自然风景和文化特征； 始终把自然保护放在首位，在严格保护的前提下有限制地利用，允许在限定的区域内开展科学研究、环境教育和旅游参观

续表

序号	名称	描述
Ⅲ	自然文化遗迹或地貌	指保护特别的自然文化遗迹的区域，可能是地形地貌、海山、海底洞穴，也可能是洞穴甚至是依然存活的古老小树林等地质形态； 这些区域一般面积较小，但通常具有较高的观赏价值； 首要目标是保护特别杰出的自然特征和相关的生物多样性及栖息地； 在严格保护这些自然文化遗迹的前提下可以开展科研、教育和旅游参观
Ⅳ	栖息地/物种管理区	指保护特殊物种或栖息地的自然保护地； 首要目标是维持、保护和恢复物种种群和栖息地； 主要特征是保护或恢复全球、国家或当地重要的植物和动物类及其栖息地； 主要作用是保护需要进行特别管理干预才能生存的濒危物种种群、保护稀有或受威胁的栖息地和片段化的栖息地、保护物种停歇地和繁殖地、保护自然保护地之间的走廊带，以及维护原有栖息地已经消失或者改变、只能依赖文化景观生存的物种
Ⅴ	陆地/海洋景观保护地	指人类和自然长期相处所产生的特点鲜明的区域，具有重要的生态、生物、文化和风景价值； 首要目标是保护和维持重要的陆地景观和海洋景观及其相关的自然保护价值，以及由传统管理方式通过与人互动而产生的其他价值； 主要作用是作为一个或多个自然保护地的缓冲地带和连通地带，保护受人类开发利用影响而发生变化的物种或栖息地
Ⅵ	自然资源可持续利用自然保护地	指为了保护生态系统和栖息地、文化价值和传统自然资源管理制度的区域； 首要目标是保护自然生态系统，实现自然资源的非工业化可持续利用，实现自然保护和自然资源可持续利用的双赢； 特征是把自然资源的可持续利用作为实现自然保护目标的手段，并且可与其他类型自然保护地通用的保护方法相结合

截至2018年底，世界保护区数据库(world database on protected areas，WDPA)收录了全球约22万个自然保护地，其中超过2/3的自然保护地根据世界自然保护联盟管理类型进行了分类(表1-3)。全球自然保护地平均面积为183平方千米。其中，平均面积最大的保护地类型是Ⅵ类，平均面积超过1 000平方千米；其次是Ⅱ类，平均面积近900平方千米；平均面积最小的是Ⅲ类，约为8.18平方千米。因此，从面积上来说，Ⅵ类和Ⅱ类的贡献最大。

表1-3 按世界自然保护联盟管理类型分类的全球自然保护地统计

世界保护地数据库分类	全球数量/个	占比/%
Ⅰa严格的自然保护地	10 992	4.9
Ⅰb荒野保护地	3 118	1.4
Ⅱ国家公园	5 424	2.5
Ⅲ自然文化遗迹或地貌	23 023	10.4
Ⅳ栖息地/物种管理区	53 317	24.2
Ⅴ陆地/海洋景观保护地	45 564	20.7
Ⅵ自然资源可持续利用自然保护地	6 749	3.1
未分类	72 265	32.8
合计	220 452	100

1.2 美国自然保护地及国家公园

1.2.1 美国自然保护地体系

美国作为世界上最早建立自然保护地的国家，其自然保护地体系由国家公园体系、国家森林体系、国家荒野保护体系、国家野生动物庇护体系、国家景观保护体系、国家海洋保护区体系、国家原野和风景河流体系、国家步道体系、国家纪念地体系等组成(表1-4)。根据世界保护地委员会统计，美国自然保护地有141个类别，共8 000多个，总面积占其国土总面积的28.8%。

美国各类自然保护地由不同机构管理，绝大部分归属美国内政部管理。其中，国家公园体系由国家公园管理局管理，国家森林体系由国家森林署管理，国家野生动物庇护体系由渔业和野生动物管理局管理，国家景观保护体系由土地管理局管理，国家海洋保护区体系由国家海洋与气象局管理，而国家荒野保护体系、国家原野和风景河流体系、国家步道体系、国家纪念地体系等由上述部门综合管理。

表 1-4　美国自然保护地体系

类型	分类及说明		
联邦自然保护地	1. 国家公园体系 ◇ 国家公园 ◇ 国家保护区 ◇ 国家海岸 ◇ 国家湖岸 2. 国家森林体系 ◇ 国家森林 ◇ 国家草原	3. 国家荒野保护体系 4. 国家野生动物庇护体系 5. 国家景观保护体系 6. 国家海洋保护区体系 7. 国家原野和风景河流体系 8. 国家步道体系	9. 国家纪念地体系 10. 国家游憩区体系 11. 国家河口科研保护区 12. 人与生物圈保护区
州立自然保护地	各州都有一个州立自然保护地体系，包括城市公园及与国家公园相当的非常大的公园，同时许多州也经营游憩和休闲区		
地方自然保护地	各县、市、乡镇等也管理各种地方自然保护地，其中一些只是野餐区或游乐场，但也有很多诸如城市公园的自然保护地		

1.2.2　美国国家公园

美国国家公园定义为"保护风景、自然和历史纪念物，让当代及子孙后代享受欣赏相同资源的机会，具有国家重要性，面积足够大以确保其承载的资源和价值可被充分保护"。

美国是世界上最早建立国家公园的国家。黄石国家公园(Yellowstone National Park)是世界上第一个国家公园。美国现有59个国家公园，面积约为21万平方千米，占其国土总面积的2.2%。美国国家公园体系中面积最大的国家公园是位于阿拉斯加州的兰格尔-圣伊莱亚斯国家公园(Wrangell-St. Elias National Park and Preserve)，面积为5.3万平方千米，而面积最小的是宾夕法尼亚州的撒迪厄斯·科希丘什科国家纪念馆(Thaddeus Kosciuszko National Memorial)，面积仅为80平方米。

图 1-1 美国迪纳利国家公园

美国国家公园隶属于美国内政部下的国家公园管理局。该机构负责管理所有美国国家公园、一些历史遗迹和其他具有不同名称的保护性或者历史性的资产。美国国家公园管理局位于华盛顿，另在安克雷奇、亚特兰大、莱克伍德、奥马哈、奥克兰、费城和西雅图等 7 个地区设有区域办公室。图 1-1 为美国迪纳利国家公园。

1.3 英国自然保护地及国家公园

1.3.1 英国自然保护地体系

英国的自然保护地是指对其环境、历史或文化具有价值而需要受到保护的地区。保护的方法和目的取决于资源的性质和重要性。

自然保护地可以根据其保护对象的类型来划分，主要包括景观价值、生物多样性价值（物种和栖息地）、地质学价值（与地质学和地貌学有关）和文化价值。根据世界保护地数据库的数据，截至 2016 年 7 月，英国共有 11 408 个自然保护地，且大部分自然保护地都根据世界自然保护联盟管理类型进行了分类(表 1-5)。

表 1-5　英国自然保护地体系

政府类自然保护地		公益林自然保护地	欧盟自然保护地	国际自然保护地
全国统一	地方特殊			
-森林公园 -国家级自然保护区 -地方自然保护区 -海洋自然保护区 -海洋保护区 -海洋协商区	-海岸遗址(英格兰和威尔士) -自然美景区(英格兰、威尔士和北爱尔兰) -国家公园(英格兰、威尔士、苏格兰) -国家风景区(苏格兰) -地区公园(苏格兰) -特殊科研区(北爱尔兰) -特殊科研地点(英格兰、威尔士、苏格兰)	-地方野生动植物场所(全国) -非政府组织保护区(全国) -私营或自发保护区(全国)	-特殊保育区(全国) -特别保护区(全国)	-国际重要湿地(全国) -地质公园(全国) -生物圈保护区(全国) -世界遗产(全国)

1.3.2　英国国家公园

英国国家公园被称为“英国呼吸之所”(Britain's breathing spaces),1995 年的环境法确定了其两个法定目标:一是保护自然美景、野生生物和文化遗产,并提升其价值;二是促进公众理解国家公园并提供享受国家公园的机会。当两个目标存在冲突时,优先考虑第一目标。此外,根据英国国家公园社区居民较多的特点,各国家公园管理局还有一个附加目标,即促进国家公园内社区经济和社会福利的发展。

英国自 1951 年设立第一个国家公园——山峰地区国家公园(Peak District National Park)起,至今共有 15 个国家公园,总面积为 22 660 平方千米,占英国国土面积的 9.3%。其中,10 个在英格兰,3 个在威尔士,2 个在苏格兰。在管理体制上,中央政府由一个部门(“环境、食品和乡村事务部”)对国家公园实行统一管理,有国家法律支撑,给予稳定的国家资金支持。在管理措施上,在尊重私有权利的基础上十分重视规划的统一管理,重视发挥国家公园科教功能,同时大力发展伙伴合作计划,达到既保护资源又促进国家公园发展的目的。

1.4 法国自然保护地及国家公园

1.4.1 法国自然保护地体系

法国自然保护地面积占其陆域国土面积的20%左右。法国宪法中的环境宪章明确规定自然保护地的设置需要以“保护”为主要目标，涵盖自然资源保护、环境平衡，以及生物多样性保护。在执行保护职责时，区域和地方承担了更多生物多样性保护的规划和实施工作，使之能够与区域内的土地利用规划相协调，切实促进保护效果。

依照管理工具的不同，法国本土的自然保护地体系可以分为6级。

(1)国际层面：法国是很多国际公约的缔约方，致力于保护举世瞩目的自然景观、栖息地和物种等。属于国际层面的保护地种类有世界遗产地、国际重要湿地、人与生物圈保护区、海洋哺乳动物保护区、区域性海洋公约保护区。

(2)欧盟层面：欧盟国家为建立和保护重要栖息地、物种资源，结成跨越领土边界的保护体系。法国参与了其中两个重要的区域协定，即由欧盟负责的自然2000保护体系及由欧洲委员会负责的生物遗传保护区。

(3)国家层面：环境部是建立自然保护地的主导部门，肩负协调、联络相关公立机构或管理协会并统筹规范保护区域及其体系的职责。国家公园、国家自然保护区、国家海洋公园、国家生物保护区、国家狩猎和野生生物保护区、海岸线和湖岸保护区等，都属于这一层面。

(4)地区层面：地区政府部门负责若干规范或协议管理的保护地。地方政府部门可以与当地利益相关方合作，在这类保护地实施有效的自然保护政策，如建立地区生物多样性保护战略及地区生态一致性计划等。这一类型的保护地有地区自然公园、地区自然保护区，以及由自然保育社团管理的相关地区。

(5)机构层面：机构层面管理的自然保护地有2类，即由总理事会负责的敏感自然地区和由代表中央政府的区域长官签署认定的群落生境或地质生境地区。

(6)城市层面：法国的城市及城市间组织对其管辖范围内的、土地利用规划中的自然区域具有管理权限。这一类型的保护地包括受保护的林地,以及在地方土地利用规划中的自然和森林区域。

1.4.2 法国国家公园

根据法国环境法,当陆地和海洋自然环境区域有独特的保育价值或者这些区域正在退化或被破坏,会直接影响到其多样性、组成、存续和进化等,则这些区域都适宜建立国家公园。目前,法国有 10 个国家公园,占其国土总面积的 8%。

法国国家公园一般分为 2 个区域。

(1)核心区域:法国政府一方面要最大程度确保这一区域自然生态系统的保护,另一方面要严格控制其中的人类活动。

(2)附属区域:当地政府自发性地执行可持续发展政策,旨在帮助保护国家公园的核心区域。

法国生物多样性署(AFB)是国家公园的主管部门。每个国家公园设立主管和管理委员会,主管由政府环境部门指派,管理委员会成员包括中央政府代表、相关地区和地方政府代表、地方选举出的代表(如土地所有者、居民、用户、环境类的非政府组织等)。国家公园的资金来源主要是国家财政,也可以接受公立机构、公共或私人捐助,或者通过提供服务收取费用(如出版物等)。

1.5 澳大利亚自然保护地及国家公园

1.5.1 澳大利亚自然保护地体系

澳大利亚自然保护地体系包括动物群和植物群保护区、森林保护区、野生动植物保护区、环境公园及国家公园等,共 7 900 多个,总面积超过 152 万平方千米,国家公园占地比例最大,约占其陆域国土面积的 3.42%。

澳大利亚各州政府对其范围内的保护地管理起主要作用。除西澳大利亚州外,其他各州都有一个国家公园管理处和野生动植物管理处。在西澳大利亚州,虽然对国家公园和野生动植物的管理由土地管理保护部的不同部门来负责,但国家公园、自然保护区、海洋保护区被授权由国家公园自然保护管理处管理，由其负责制定管理计划及政策建议。

澳大利亚各区域的自然保护地划定都有所不同。其中：昆士兰州自然保护法规定该州保护地划分为11个类别，即国家公园、科学国家公园、土著居民国家公园、托雷斯海峡岛屿居民国家公园、资源保护公园、资源保护区、自然庇护地、协调资源管护区、荒野区、世界遗产管理区、国际协定区；维多利亚州根据国家公园法划分该州的保护地为10个类别，即国家公园、荒野公园、州立公园、海峡与海岸公园、海洋保护区、动植物区系保护区、遗产河流、自然保护区、自然集水区、自然特色保护区；新南威尔士州保护地有7个类别，分别为国家公园、自然保护区、荒野区、土著区、历史遗址、州立休闲区、区域公园；北部地区有7个类别，分别为国家公园、自然公园、土著居民管理的国家公园、资源保护区、历史保护区、保护区、管理协定区。

1.5.2 澳大利亚国家公园

澳大利亚不同州对国家公园的定义是不同的。首都直辖区的国家公园定义为“用于自然生态系统保护、游憩、自然环境研究及公众休闲的大面积区域”。新南威尔士州的国家公园定义为“以未被破坏的自然景观和动植物区系为主体建立的相当大面积区域，永久性地用于公众游憩、教育和陶冶情操，禁止所有与基本管理目标相抵触的活动以便保护其自然特征”。昆士兰州的国家公园定义为“动植物区系多样性极为丰富、有一定历史意义的、具有高水准自然景观的相当大面积区域，永久性地用于公众游憩和教育，防止与基本管理目标不符的活动以确保其自然特征”。塔斯马尼亚州的国家公园定义为“用于自然生态系统保护、游憩、自然环境研究及公众休闲和旅游的大面积区域”。澳大利亚现有6个国家公园，根据世界自然保护联盟的标准，均为Ⅱ类保护地，允许存在少量的人类干扰。

澳大利亚国家公园局是澳大利亚环境和能源部的下属部门，负责管理国家公园及其他自然保护地。

澳大利亚国家公园管理模式分为2类。

(1)联合管理的国家公园：由于乌卢鲁-卡塔楚塔(Uluru-Kata Tjuta)、卡卡杜(Kakadu)、布德里(Booderee)等3个国家公园土地为私有，基于土著民和国家公园的租约关系，由国家公园局局长和传统所有者代表共同组成公园管理委员会，共同负责管理国家公园。

(2)国家公园局直接管辖的其他公园和海洋保护地。

1.6 南非自然保护地及国家公园

1.6.1 南非自然保护地体系

南非自然保护地体系包括12个类别：科学保护区、荒野保护区、海洋保护区、国家公园、跨界保护区、生物圈保护区、自然和文化纪念地、世界遗产地、栖息地和野生动植物管理区、受保护的陆地和海洋景观、可持续利用区、湿地等。自然保护地管理机构分为3个层次：国家级、省级或地区级、地方级或市级(表1-6)。

表1-6 南非保护地管理机构分类

级别	主管部门
国家级	国家环境事务和旅游部
	国家水体事务和林业部
省级或地区级	省级旅游和环境保护部
	省级野生动物局
	省级公园委员会
地方级或市级	市政府相关部门
	政府与社区共管
	社区管理、私人组织、非政府组织

1.6.2 南非国家公园

南非国家公园的定义为“一个提供科学研究、教育、休闲及旅游的区域，同时该区域要兼顾环境保护，并且使当地获得相关的经济可持续发展”。

国家公园是南非自然保护地体系中最主要的一个组成部分。南非于1926年建立了第一个国家公园，现有22个国家公园，总面积占南非陆地自然保护地的53%。由国家环境事务和旅游部、国家公园局宣布建立或撤销国家公园，国家环境事务和旅游部指派国家公园局或适合的各级机构、组织和人员管理国家公园。

1.7 中国自然保护地体系

1.7.1 中国自然保护地类型和数量

据统计，目前我国已建立了十余类自然保护地，主要包括自然保护区、风景名胜区、森林公园、地质公园、湿地公园、海洋特别保护区（含海洋公园）、水利风景区、矿山公园、水产种质资源保护区、沙化土地封禁保护区、国家公园（试点）、沙漠公园等。截至2019年，全国共建立各种类型、不同级别的自然保护地1.3万余处，国家级超过4千处（表1-7）。各类陆域自然保护地总面积约占全国陆域国土面积的18%，已超过世界14%的平均水平。其中，自然保护区总面积约占全国陆域国土面积的14.86%，占全国自然保护地总面积的80%以上；风景名胜区和森林公园约占全国自然保护地总面积的3.8%；其他类型的自然保护地面积占比相对较小。从空间分布格局看，陆域中东部地区的自然保护地类型和数量多于西部，但保护地面积相对小于西部，地理区域差异明显（台湾省资料暂缺）。

表1-7 中国各类自然保护地类型和数量统计

序号	自然保护地类型	数量/处	国家级/处
1	自然保护区	2 750	474
2	风景名胜区	1 051	244
3	森林公园	3 505	897
4	地质公园	616[a]	273（含资格，其中正式命名217处）
5	湿地公园	1 699（含试点）	898（含试点）
6	海洋特别保护区（含海洋公园）	111	71（其中，国家级海洋公园48处）
7	水利风景区	2 900	878
8	矿山公园	88[a]（含资格）	88（含资格，其中正式命名为34处）

续表

序号	自然保护地类型	数量/处	国家级/处
9	水产种质资源保护区	535	535
10	沙化土地封禁保护区	102	102
11	国家公园(试点)	10	10
12	沙漠公园	120	120
总　计		13 487	4 590

注:a 为国家级和省级,缺少省级以下级别数据。

1.7.2　机构改革前自然保护地管理体制

在 2018 年 3 月国务院机构改革前,我国各类自然保护地主要按主管部门和不同生态要素分别建立,主管部门主要包括国务院环境保护、国土资源、农业、住房和城乡建设、林业、水利、海洋等原行政主管部门和中国科学院等(表 1-8)。据相关资料显示,我国大部分国家级自然保护地建立了管理机构,隶属于各级地方人民政府,负责各项具体的管理工作,少数国家级自然保护地没有独立管理机构。地方级自然保护地参照国家级进行建设和管理,但建立独立管理机构的很少。以自然保护区为例,在国家层面,自然保护区实行综合管理与分部门管理相结合的管理体制,由国务院原环境保护行政主管部门负责全国自然保护区的综合管理,由国务院林业、农业、国土资源、水利、海洋等原行政主管部门根据职责管理有关的自然保护区;县级以上地方人民政府负责自然保护区管理的部门和职责设置,由省(自治区、直辖市)人民政府根据当地具体情况确定。再以风景名胜区为例,国务院住房和城乡建设行政主管部门负责全国风景名胜区的监督管理工作,国务院其他有关部门按照国务院规定的职责分工,负责风景名胜区的有关监督管理工作;省(自治区)人民政府建设主管部门和直辖市人民政府风景名胜区主管部门,负责本行政区域内风景名胜区的监督管理工作,省(自治区、直辖市)人民政府其他有关部门按照规定的职责分工,负责风景名胜区的有关监督管理工作;风景名胜区所在地县级以上地方人民政府设置风景名胜区管理机构,负责风景名胜区的保护、利用和统一管理工作。

表 1-8 机构改革前中国自然保护地管理部门

自然保护地类型	管理部门
自然保护区	环境保护行政主管部门负责综合管理，林业、农业、国土资源、水利、海洋等行政主管部门在各自职责范围内进行管理
风景名胜区	住房和城乡建设行政主管部门
森林公园	林业行政主管部门
地质公园	国土资源行政主管部门
湿地公园	林业行政主管部门
海洋特别保护区（含海洋公园）	海洋行政主管部门
水利风景区	水利行政主管部门
矿山公园	国土资源行政主管部门
水产种质资源保护区	农业行政主管部门
沙化土地封禁保护区	林业行政主管部门
沙漠公园	林业行政主管部门

按照自然保护地建立审批程序要求，国家级自然保护区和国家级风景名胜区由国务院审批建立；森林公园、湿地公园、沙漠公园、沙化土地封禁保护区等由林业行政主管部门审批建立；地质公园、矿山公园等由国土资源行政主管部门审批建立；海洋特别保护区（含海洋公园）由海洋行政主管部门审批建立；水利风景区由水利行政主管部门审批建立；水产种质资源保护区由农业行政主管部门审批建立等（表 1-9）。

表 1-9 机构改革前中国自然保护地审批机关

自然保护地	审批机关
国家级自然保护区	国务院
国家级风景名胜区	国务院
森林公园	林业行政主管部门
地质公园	国土资源行政主管部门
湿地公园	林业行政主管部门
海洋特别保护区（含海洋公园）	海洋行政主管部门
水利风景区	水利行政主管部门
矿山公园	国土资源行政主管部门

续表

自然保护地	审批机关
水产种质资源保护区	农业行政主管部门
沙化土地封禁保护区	林业行政主管部门
沙漠公园	林业行政主管部门

自然保护区和风景名胜区主要依据国务院专门行政法规《中华人民共和国自然保护区条例》和《中华人民共和国风景名胜区条例》来管理，其他类型自然保护地的管理依据则为部门规章或规范性文件（表 1-10）。

表 1-10　机构改革前中国自然保护地管理依据

自然保护地	管理依据
自然保护区	《中华人民共和国自然保护区条例》(2017 年国务院令第 687 号)
风景名胜区	《中华人民共和国风景名胜区条例》(2016 年国务院令第 666 号)
森林公园	《森林公园管理办法》(2016 年国家林业局令第 42 号)；《国家级森林公园管理办法》(2011 年国家林业局令第 27 号)
地质公园	《地质遗迹保护管理规定》(1995 年地质矿产部令第 21 号)
湿地公园	《国家湿地公园管理办法(试行)》(林湿发〔2017〕150 号)
海洋特别保护区（含海洋公园）	《海洋特别保护区管理办法》(国海发〔2010〕21 号)
水利风景区	《水利风景区管理办法》(水综合〔2004〕143 号)
矿山公园	《关于申报国家矿山公园的通知》(国土资发〔2004〕256 号)
水产种质资源保护区	《水产种质资源保护区管理暂行办法》(2011 年农业部令第 1 号)；《畜禽遗传资源保种场保护区和基因库管理办法》(2006 年农业部令第 64 号)
沙化土地封禁保护区	依据《中华人民共和国防沙治沙法》(中华人民共和国主席令第 16 号)建立，无具体管理规定
沙漠公园	《国家沙漠公园试点建设管理办法》(林沙发〔2017〕104 号)

1.7.3　以国家公园为主体的自然保护地体系

建立以国家公园为主体的自然保护地体系，是贯彻习近平生态文明思想的重大举措，是党的十九大提出的重大改革任务。根据中共中央办公厅、国务院办公厅印发的《关于建立以国家公园为主体的自然保护地体系的指导意见》，坚持严格保护、世代传承，坚持依法确权、分级管理，坚持生态为民、科学利用，坚持政府主导、多方参与，坚持中国特色、国际接轨，建成中国特色的以国家公园为主体的自然保护地体系，推动各类自然保护地科学设置，建立自然生态系统保护的新体制、新机制、新模式，建设健康稳定高效的自然生态系统，为维护国家生态安全和实现经济社会可持续发展筑牢基石，为建设富强民主文明和谐美丽的社会主义现代化强国奠定生态根基。

(1)明确自然保护地功能定位。自然保护地是由各级政府依法划定或确认，对重要的自然生态系统、自然遗迹、自然景观及其所承载的自然资源、生态功能和文化价值实施长期保护的陆域或海域。要将生态功能重要、生态环境敏感脆弱及其他有必要严格保护的各类自然保护地纳入生态保护红线管控范围。

(2)科学划定自然保护地类型。按照自然生态系统原真性、整体性、系统性及其内在规律，依据管理目标与效能并借鉴国际经验，将自然保护地按生态价值和保护强度高低依次分为国家公园、自然保护区和自然公园 3 类。

(3)确立国家公园主体地位。确立国家公园在维护国家生态安全关键区域中的首要地位，确保国家公园在保护最珍贵、最重要生物多样性集中分布区中的主导地位，确定国家公园保护价值和生态功能在全国自然保护地体系中的主体地位。国家公园建立后，在相同区域一律不再保留或设立其他自然保护地类型。此外通过编制自然保护地规划、整合交叉重叠的自然保护地、归并优化相邻自然保护地，构建科学合理的自然保护地体系。

1.7.4 国家公园

我国的国家公园指由国家批准设立并主导管理，边界清晰，以保护具有国家代表性的大面积自然生态系统为主要目的，实现自然资源科学保护和合理利用的特定陆地或海洋区域。国家公园是我国自然保护地的最重要类型之一，属于全国主体功能区规划中的禁止开发区域，纳入全国生态保护红线区域管控范围，实行最严格的保护。在国家公园范围内除不损害生态系统的原住民生活生产设施改造和自然观光、科研、教育、旅游外，禁止其他开发建设活动。

截至 2019 年，全国已建成三江源、大熊猫、东北虎豹、神农架、钱江源、南山、武夷山、普达措、祁连山和海南热带雨林 10 处国家公园体制试点（表 1-11），涉及青海、吉林、黑龙江、四川、陕西、甘肃、湖北、福建、浙江、湖南、云南、海南 12 个省份，总面积约 22 万平方千米。

2018 年机构改革后，明确组建国家林业和草原局，加挂国家公园管理局牌子，统一管理国家公园等各类自然保护地。东北虎豹、祁连山、大熊猫国家公园依托国家林业和草原局驻地专员办公室成立了国家公园管理局，实现了跨省区的统一管理，同时与有关省分别成立了协调工作领导小组，共同推进试点工作。青海省、海南省均成立了省级直属的国家公园管理局，统一行使其国家公园范围内的管理事权，明确了主体责任，其他各国家公园体制试点区也分别成立了专门的管理机构。

表 1-11　中国国家公园体制试点情况

<table>
<tr><th>试点</th><th>所在地点</th><th>面积/平方千米</th><th>试点批复时间</th><th>批复机构</th></tr>
<tr><td>三江源</td><td>青海省</td><td>123 100</td><td>2016 年 3 月</td><td rowspan="4">中共中央办公厅、国务院办公厅</td></tr>
<tr><td>东北虎豹</td><td>吉林省、黑龙江省</td><td>14 472</td><td>2017 年 1 月</td></tr>
<tr><td>大熊猫</td><td>四川省、陕西省、甘肃省</td><td>27 134</td><td>2017 年 1 月</td></tr>
<tr><td>祁连山</td><td>甘肃省、青海省</td><td>50 200</td><td>2017 年 9 月</td></tr>
<tr><td>神农架</td><td>湖北省</td><td>1 170</td><td>2016 年 5 月</td><td rowspan="5">建立国家公园体制试点领导小组</td></tr>
<tr><td>武夷山</td><td>福建省</td><td>982.59</td><td>2016 年 6 月</td></tr>
<tr><td>钱江源</td><td>浙江省</td><td>252</td><td>2016 年 6 月</td></tr>
<tr><td>南山</td><td>湖南省</td><td>635.94</td><td>2016 年 7 月</td></tr>
<tr><td>普达措</td><td>云南省</td><td>602.1</td><td>2016 年 10 月</td></tr>
<tr><td>海南热带雨林</td><td>海南省</td><td>4 400</td><td>2019 年 1 月</td><td>国家林业和草原局批复、中国共产党中央全国深化改革委员会审议通过</td></tr>
</table>

专栏 1-1 《建立国家公园体制试点方案》

(1)试点区选择。国家公园体制试点区选择主要考虑 3 个要求:①代表性。满足保护对象保护需求。②典型性。通过试点取得的经验具有示范作用,可复制、可推广;保护地交叉重叠、多头管理、自然生态系统被人为切割、碎片化比较严重且保护问题比较突出的区域,作为重点选择对象。③可操作性。地方政府有积极性和一定的工作基础;区域相对集中、边界清晰,土地类型适宜资源有效保护和合理利用,国有土地、林地面积应达到一定比例。

(2)试点的目标。试点区域国家级自然保护区、国家级风景名胜区、世界文化自然遗产、国家森林公园、国家地质公园等禁止开发区域交叉重叠、多头管理的碎片化问题得到基本解决,形成统一、规范、有效的管理体制和资金保护机制,自然资源资产产权归属更加明确,统筹保护和利用取得重要成效,形成可复制、可推广的保护管理模式。

(3)试点内容。①突出生态保护。认真落实生态保护红线制度,严格执行相关法律法规保护要求,确保核心保护区不能动,保护面积不能减,保护强度不降低。②统一规范管理。要对现行各类保护地管理体制机制进行整合,明确管理机构,整合管理资源,实行统一有效的保护和管理,一个保护地一块牌子、一个管理机构。③明晰资源权属。探索对试点区内全民所有的自然资源资产委托管理机构负责保护和运营管理,对集体所有的土地及其附属资源,可通过征收、流转、出租、协议等方式,明确土地用途。④创新经营管理。经营性项目要实施特许经营,进行公开招标竞价;实行收支两条线管理,建立多渠道、多形式的资金投入机制。⑤促进社区发展。妥善处理好试点区与当地居民生产生活的关系,试点区经营性服务应主要由周边社区提供,管理人员优先安排当地居民,特许经营要优先考虑当地居民及其举办的企业,积极吸引社会公众参与,接受社会监督,鼓励社会组织和志愿者参与试点保护和管理。

1.7.5 自然保护区

自然保护区是指对有代表性的自然生态系统、珍稀濒危野生动植物物种的天然集中分布区、有特殊意义的自然遗迹等保护对象所在的陆地、陆地水体或者海域,依法划出一定面积予以特殊保护和管理的区域。

截至 2019 年 2 月,全国(不含香港、澳门特别行政区和台湾地区)共建立各种类型、不同级别的自然保护区 2 750 个,总面积 147.33 万平方千米,约占陆地国土面积的 15%,其中,国家级自然保护区 474 个。根据中共中央印发的《深化党和国家机构改革方案》,自然保护区由国家林业和草原局(国家公园管理局)管理。

根据我国现行的自然保护区分类标准《自然保护区类型与级别划分原则》(GB/T 14529—1993)对全国自然保护区进行分类统计,结果表明:自然生态系统类自然保护区无论在数量上还是在面积上均占主导地位,分别占全国自然保护区总数和总面积的70.91%和71.44%;野生生物类自然保护区次之,分别占全国自然保护区总数和总面积的24.80%和27.52%;自然遗迹类自然保护区所占比例最小,分别仅占全国自然保护区总数和总面积的4.29%和1.04%。

1.7.6 风景名胜区

风景名胜区是指具有观赏、文化或者科学价值,自然景观、人文景观比较集中,环境优美,可供人们游览或者进行科学、文化活动的区域。风景名胜区划分为国家级风景名胜区和省级风景名胜区。自然景观和人文景观能够反映重要自然变化过程和重大历史文化发展过程,基本处于自然状态或者保持历史原貌,具有国家代表性的,可以申请设立国家级风景名胜区;具有区域代表性的,可以申请设立省级风景名胜区。

我国风景名胜区的建设始于1978年。截至2018年底,全国风景名胜区共1 051处,总面积约21.4万平方千米,约占国土总面积的2.23%,其中国家重点风景名胜区244处,面积约10.66万平方千米。有42处国家级风景名胜区和10处省级风景名胜区被联合国教育科学文化组织(United Nations Educational Scientific and Cultural Organization,UNESCO)列入《世界遗产名录》(表1-12)。

表1-12 中国国家级风景名胜区建设历程

批次	审批年份	数量/处
第一批	1982	44
第二批	1988	40
第三批	1994	35
第四批	2002	32
第五批	2004	26
第六批	2005	10
第七批	2009	21

续表

批次	审批年份	数量/处
第八批	2012	17
第九批	2017	19
合计		244

1.7.7 森林公园

森林公园是指森林景观优美，自然景观和人文景观集中，具有一定规模，可供人们游览、休息或进行科学、文化、教育活动的场所。

森林公园可分为国家级森林公园、省级森林公园和县（市）级森林公园。国家级森林公园是指森林景观特别优美，人文景观比较集中，观赏、科学、文化价值高，地理位置特殊，具有一定的区域代表性，旅游服务设施齐全，有较高知名度的场所；省级森林公园是指森林景观优美，人文景观相对集中，观赏、科学、文化价值较高，在本行政区域内具有代表性，具备必要的旅游服务设施，有一定知名度的场所；县（市）级森林公园是指森林景观有特色，景点景物有一定的观赏、科学、文化价值，在当地知名度较高的场所。

我国森林公园的建设始于 1980 年。截至 2019 年 2 月，全国共建立森林公园 3 505 处，其中国家级森林公园 897 处，基本形成了国家级、省级和市（县）级森林旅游区相结合的全国森林旅游发展框架。

1.7.8 地质公园

地质公园是以具有特殊的科学意义、稀有的自然属性、较高的美学观赏价值、一定规模和分布范围的地质遗迹景观为主体，并融合自然景观与人文景观而构成的一种独特的自然区域。

截至 2019 年 10 月，国家林业和草原局和原国土资源部已正式命名国家地质公园 217 处，授予国家地质公园资格 56 处，批准建立省级地质公园 343 处。其中山东省有省级地质公园 51 个，省级地质公园数量居全国第一位。

1.7.9 湿地公园

湿地公园是指以湿地良好生态环境和多样化湿地景观资源为基础，以湿地的科普宣教、湿地功能利用、弘扬湿地文化等为主题，并建有一定规模的旅游休闲设施，可供人们旅游观光、休闲娱乐的生态型主题公园。

湿地公园是具有湿地保护与利用、科普教育、湿地研究、生态观光、休闲娱乐等多种功能的社会公益性生态公园，可分为国家湿地公园和省级湿地公园。国家湿地公园是指湿地公园的主题突出，湿地生态环境优良、湿地景观特别优美，观赏、科学、文化价值高，地理位置特殊，对区域生态环境具有重要的调节作用，且生态旅游服务设施齐全的场所；省级湿地公园是指湿地公园的主题突出，且湿地生态环境良好、湿地景观有特色，有一定的观赏、科学、文化价值，对区域生态环境有一定的调节作用，且具备必要的旅游服务设施的场所。

截至 2019 年 2 月，全国共有湿地公园 1 699 处，其中国家级湿地公园 898 处（含试点）。全国湿地保护体系已经初步构建，使约 50%的自然湿地得到较为有效的保护，在维护湿地生态系统健康方面发挥了重要作用。

1.7.10 国际重要湿地

国际重要湿地是指《关于特别是作为水禽栖息地的国际重要湿地公约》（Convention on Wetlands of International Importance Especially as Waterfowl Habitat，以下简称《湿地公约》）缔约方根据其领土内湿地在生态学、植物学、动物学、湖沼学或水文学方面的国际意义，列入具有国际意义的《国际重要湿地目录》的湿地。根据《湿地公约》，每块湿地的边界应在地图上精确标明和划定，可包括与湿地毗邻的河岸和海岸地区，以及位于湿地内的岛屿或低潮时水深不超过 6 米的海洋水体，特别是具有水禽生境意义的地区岛屿或水体。我国自 1992 年加入《湿地公约》起，截至 2019 年，已有 57 个湿地分 9 个批次被列入了《国际重要湿地名录》（表 1-13）。

表 1-13　中国国际重要湿地建设历程

批次	审批年份	数量/处
第一批	1992、1995	7
第二批	2002	14
第三批	2005	9
第四批	2008	6

续表

批次	审批年份	数量/处
第五批	2009	1
第六批	2011	4
第七批	2013	5
第八批	2015	3
第九批	2017	8
合计		57

1.7.11 海洋特别保护区

海洋特别保护区是指具有特殊地理条件、生态系统、生物与非生物资源及海洋开发利用特殊要求，需要采取有效的保护措施和科学的开发方式进行特殊管理的区域。

根据海洋特别保护区的地理区位、资源环境状况、海洋开发利用现状和社会经济发展的需要，海洋特别保护区可以分为海洋特殊地理条件保护区、海洋生态保护区、海洋公园、海洋资源保护区等类型。

海洋公园是海洋特别保护区的一种类型。为保护海洋生态与历史文化价值，发挥其生态旅游功能，在特殊海洋生态景观、历史文化遗迹、独特地质地貌景观及其周边海域建立海洋公园。

自 2005 年我国建立第一个国家级海洋特别保护区（乐清西门岛海洋特别保护区）以来，目前已初步形成了包含海洋特殊地理条件保护区、海洋生态保护区、海洋公园和海洋资源保护区等多种类型的海洋特别保护区网络体系。截至 2019 年 2 月，全国共有海洋特别保护区（含海洋公园）111 处，其中国家级海洋特别保护区 71 处（含海洋公园 48 处）。

1.7.12 水利风景区

水利风景区是指以水域（水体）或水利工程为依托，具有一定规模和质量的水利风景资源，即水域（水体）及相关联的岸地、岛屿、林草、建筑等能对人产生吸引力的自然景观和人文景观，经水利部水利风景区评审委员会评定，由水利部公布的可以开展观光、娱乐、休闲、度假或科学、文化、教育活动的区域。截至 2018 年底，全国共有水利风景区

2 900 余处，其中国家级水利风景区为 878 处（图 1-2）。

图 1-2　潘安湖国家水利风景区

1.7.13　水产种质资源保护区

水产种质资源保护区是指为保护水产种质资源及其生存环境，在具有较高经济价值和遗传育种价值的水产种质资源的主要生长繁育区域，依法划定并予以特殊保护和管理的水域、滩涂及其毗邻的岛礁、陆域。截至 2019 年 2 月，农业农村部（原农业部）共公布了 11 批 535 处水产种质资源保护区，保护面积达 15.6 万平方千米（表 1-14）。

表 1-14　中国国家级水产种质资源保护区建设历程

批次	审批年份	数量/处
第一批	2007	40
第二批	2009	63
第三批	2010	57
第四批	2011	60
第五批	2012	62
第六批	2013	86
第七批	2014	60
第八批	2015	36
第九批	2015	28
第十批	2017	31
第十一批	2017	12
合计		535

1.7.14 沙化土地封禁保护区

沙化土地封禁保护区是指根据全国防沙治沙规划，按照生态区位的重要程度、沙化危害状况和国家财力支持情况等，在规划期内不具备治理条件，以及因保护生态的需要不宜开发利用的连片沙化土地。沙化土地包括已经沙化的土地和具有明显沙化趋势的土地。截至2019年1月，全国共划定国家沙化土地封禁保护区102处。

1.7.15 沙漠公园

沙漠公园是以荒漠景观为主体，以保护荒漠生态系统和生态功能为核心，合理利用自然与人文景观资源，开展生态保护及植被恢复、科研监测、宣传教育、生态旅游等活动的特定区域。国家沙漠公园建设和管理必须遵循“保护优先、科学规划、合理利用、持续发展”的基本原则，在地域上不得与国家已批准设立的其他保护区域重叠或者交叉。截至2019年，国家林业和草原局（原国家林业局）已批复建设的国家沙漠公园共计120处。

1.7.16 矿山公园

矿山公园是以展示矿业遗迹景观为主体，体现矿业发展历史内涵，具备研究价值和教育功能，可供人们游览观赏、科学考察的特定空间地域。矿山公园设置国家矿山公园和省级矿山公园。国家矿山公园应具备以下条件：国际、国内著名的矿山或独具特色的矿山；拥有一处以上珍稀级或多处重要级矿业遗迹；区位条件优越，自然景观与人文景观优美；基础资料扎实、丰富，土地使用权属清楚，基础设施完善，有吸引大量公众关注的潜在能力。截至2019年9月，我国已正式命名国家矿山公园34处，授予国家矿山公园资格54处。

1.7.17 自然保护小区

自然保护小区是指为保护国家或地方重点保护的野生动植物物种、典型植物群落，由地方行政机关设定保护的，或者在自然保护区的主要保护区域以外划定的，或者由于历史文化或传统等因素自发形成的小型保护区。面积一般小于10平方千米。自然保护小区也可划分为国家级自然保护小区和地方级自然保护小区。

1.7.18 世界遗产

世界遗产是指被联合国教育科学文化组织和世界遗产委员会确认的人类罕见的、目前无法替代的财富，是全人类公认的具有突出意义和普遍价值的文物古迹及自然景观。

世界遗产包括文化遗产(包含文化景观)、自然遗产、文化与自然双重遗产3类。世界文化遗产主要包括：①文物。从历史、艺术或科学角度看，具有突出的普遍价值的建筑物、碑雕和碑画及具有考古性质成分或结构的铭文、洞穴及其综合体。②建筑群。从历史、艺术或科学角度看，在建筑式样、分布均匀或与环境景色相结合方面具有突出的普遍价值的建筑群。③遗址。从历史、美学、人种学或人类学角度看，具有突出的普遍价值的人造工程或人与自然的共同杰作及考古遗址。

截至2019年7月，中国拥有世界遗产55项，其中世界文化与自然双重遗产4项(图1-3)、世界自然遗产14项、世界文化遗产37项(包含世界文化景观5项)。

图1-3 武夷山世界文化与自然双重遗产

1.7.19 生态保护红线

生态保护红线是指依法在重点生态功能区、生态环境敏感区和脆弱区等区域划定的严格管控边界，是国家和区域生态安全的底线。生态保护红线所包围的区域为生态保护红线区，对于维护生态安全格局、保障生态系统功能、支撑经济社会可持续发展具有重要作用。各省份生态保护红线划定方案经国务院批准后由省级人民政府对外发布。

截至 2019 年 8 月，京津冀、长江经济带省份和宁夏回族自治区等 15 省（自治区、直辖市）依据国务院认定的生态保护红线评估结果，开展勘界定标；其他省份在国务院批准生态保护红线划定方案后，启动勘界定标。按照《关于划定并严守生态保护红线的若干意见》要求，生态保护红线勘界定标应于 2020 年年底前全面完成。

1.7.20 世界生物圈保护区

世界生物圈保护区是指受到保护的陆地、陆地水体、海岸带或海洋生态系统的代表性区域。其不仅具有一般自然保护区所具有的保护功能，还具有促进资源可持续利用和自然保护区与社区协调发展的功能，以及开展科学研究、教育、监测、培训、示范和信息交流等功能。世界生物圈保护区是一种新型的自然保护区，是根据《世界生物圈保护区网络章程框架》(1995 年 6 月经人与生物圈计划国际协调理事会第十三届会议批准)设立，在联合国教育科学文化组织“人与生物圈计划”(Man and Biosphere Programme)范围内得到国际上承认的地区。截至 2018 年 7 月，中国已有 34 个自然保护地成功申报为世界生物圈保护区。

1.7.21 生物多样性保护优先区域

生物多样性保护优先区域是指综合考虑生态系统类型的代表性、特有程度、特殊生态功能，以及物种的丰富程度、珍稀濒危程度、受威胁因素、地区代表性、经济用途、科学研究价值、分布数据的可获得性等因素，划定的生物多样性保护区域。我国划定了 35 个生物多样性保护优先区域，包括大兴安岭区、三江平原区、祁连山区、秦岭区等 32 个内陆陆地及水域生物多样性保护优先区域，涉及 27 个省（自治区、直辖市）的 904 个县级行政区，总面积 276.26 万平方千米，约占全国陆域国土面积的 28.78%；同时，还包括黄渤海保护区域、东海及台湾海峡保护区域、南海保护区域等 3 个海洋与海岸生物多样性保护优先区域。

1.7.22 重点生态功能区

重点生态功能区是指生态系统十分重要，关系全国或区域生态安全，生态系统有所退化，需要在国土空间开发中限制进行大规模、高强度工业化城镇化开发，以保持并提高生态产品供给能力的区域，分为水源涵养、水土保持、防风固沙和生物多样性维护 4 种类型。国家重点生态功能区有 25 个地区，总面积约 386 万平方千米，占全国陆域国土面积的 40.2%。

2 国家公园体制

2.1 建立国家公园体制总体方案

为加快构建国家公园体制，在总结试点经验基础上，借鉴国际有益做法，立足我国实际国情，国家发展和改革委员会同相关部门起草了《建立国家公园体制总体方案》，并于 2017 年 9 月由中共中央办公厅、国务院办公厅正式印发。《建立国家公园体制总体方案》标志着试点工作取得重要进展，我国国家公园体制的顶层设计初步完成，国家公园建设进入实质性推进阶段，对建立中国特色国家公园体制，加快建设生态文明制度，推动我国自然保护地管理体制改革，实现对重要自然生态系统和珍贵自然遗产的保护，具有重要意义。

《建立国家公园体制总体方案》共分为 7 个部分：第一部分提出建立国家公园体制的指导思想、基本原则和主要目标；第二部分是明确国家公园功能定位；第三部分是建立统一事权、分级管理体制；第四部分是建立资金保障制度；第五部分是完善自然生态系统保护制度；第六部分是构建社区协调发展制度；第七部分是实施保障。其中，重点突出了 4 个方面：以树立正确的理念为核心明确国家公园发展方向；以系统保护理论为指导强化自然生态系统保护管理；以自然资源资产产权制度为基础建立统一事权、分级管理体系；以社区协调发展制度为依托实现人与自然和谐共生。

《建立国家公园体制总体方案》明确了建立国家公园体制的目标：建成统一、规范、高效的中国特色国家公园体制，交叉重叠、多头管理的碎片化问题得到有效解决，国家重要自然生态系统原真性、完整性得到有效保护，形成自然生态系统保护的新体制、新模式，促进生态环境治理体系和治理能力现代化，保障国家生态安全，实现人与自然和谐共生。

2.2 国家公园体制与生态文明的关系

生态文明是人类遵循人与自然和谐发展规律，推进社会、经济和文化发展所取得的物质与精神成果的总和，是指以人与自然、人与人和谐共生、全面发展、持续繁荣为基本宗旨的文化伦理形态。生态文明建设的总体要求是必须树立尊重自然、顺应自然、保护自然的生态文明理念，把生态文明建设放在突出地位，融入经济建设、政治建设、文化建设、社会建设的各方面和全过程，努力建设美丽中国，实现中华民族永续发展。生态文明建设是站在文明的高度，通过体系化的顶层设计，实现人与自然和谐发展，其根本目的是通过资源节约和环境保护，维护人类的整体和长远利益，其核心是对自然资源价值的正确认知。

建立国家公园体制是生态文明体制改革的重要组成部分，是完善我国国土空间开发保护制度的重要制度设计，主要目标是保护自然生态系统完整性和原真性，实现自然遗产的世代传承。国家公园体制是生态文明建设的突破口和落脚点。国家公园主要在国家禁止开发区内，通过理顺各类保护地关系，建立有效、规范、统一的管理体制，从而保护生态环境、维护生态安全，这与生态文明建设的战略布局和目标一致。国家公园体制改革的相关要求要与健全自然资源资产产权制度、国土空间用途管制制度、资源有偿使用制度、生态补偿制度和生态损害责任追究制度等生态文明制度改革协调推进。国家公园体制试点区是生态文明体制改革的先行先试区，为生态文明各项制度试点和配套实施提供可能。例如，部分国家公园体制试点也是健全国家自然资源资产管理体制试点、“多规合一”的改革试点、自然资源统一确权登记试点。此外，国家公园体制改革面临着很多制度性瓶颈，亟须生态文明各项制度的保障。建立国家公园体制不是孤立的事件，不能脱离我国建设生态文明的宏观背景，只有与生态文明体制改革相结合，并将其作为生态文明建设的重要抓手，国家公园体制才能找到自己的落脚点。

2.3 山水林田湖草生命共同体

中国共产党第十八次全国代表大会以来，习近平总书记从生态文明建设的宏观视野提出山水林田湖是一个生命共同体的理念，在《关于〈中共中央关于全面深化改革若干重大问题的决定〉的说明》中强调“人的命脉在田，田的命脉在水，水的命脉在山，山的命脉在土，土的命脉在树；用途管制和生态修复必须遵循自然规律”以及“对山水林田湖进行统一保护、统一修复是十分必要的”。按照国家统一部署，2016 年 10 月，财政部、原国土资源部、原环境保护部联合印发了《关于推进山水林田湖生态保护修复工作的通知》（财建〔2016〕725 号），对各地开展山水林田湖生态保护修复提出了明确要求。2017 年 8 月，原中央全面深化改革领导小组第三十七次会议又将“草”纳入山水林田湖同一个生命共同体。

生命共同体理念科学界定了人与自然的内在联系和内生关系，蕴含着重要的生态哲学思想，在对自然界的整体认知和人与生态环境关系的处理上提供了重要理论依据。生态系统综合管理理论在国际生态保护实践中已经得到广泛应用，也是实施山水林田湖草生态保护修复的核心理论基础，是运用系统工程思想和景观生态学理论解决资源环境生态问题的重要方法论。生态系统综合管理强调要以维护和提升区域生态系统服务功能为核心，统筹管理自然资源与环境、污染治理与生态保护、要素管理等，目标是保护生态系统原真性、完整性和生态服务功能，平衡生态环境保护与经济发展、资源利用的关系。

《建立国家公园体制总体方案》中提出国家公园要坚持科学定位、整体保护的原则，坚持将山水林田湖草作为一个生命共同体，统筹考虑保护与利用，按照自然生态系统整体性、系统性及其内在规律，对国家公园实行整体保护、系统修复、综合治理。

2.4 国家公园管理体制

管理体制主要是指行政管理体制，即指一个国家行政机构设置，行政职权划分及为保证行政管理顺利进行而建立的一切规章制度的总称。国家公园管理体制是指国家公园行政管理机构设置、职权及管理制度共同构成的一个管理系统。《建立国家公园体制总体方案》明确要求，整合相关自然保护地管理职能，结合生态环境保护管理体制改革、自然资源资产管理体制改革、自然资源监管体制改革，由一个部门统一行使国家公园自然保护地管理职责。《关于建立以国家公园为主体的自然保护地体系的指导意见》要求建立统一规范高效的管理体制，统一管理自然保护地，理顺现有各类自然保护地管理职能，提出自然保护地设立、晋（降）级、调整和退出规则，制定自然保护地政策、制度和标准规范，实行全过程统一管理。建立统一调查监测体系，建设智慧自然保护地，制定以生态资产和生态服务价值为核心的考核评估指标体系和办法。各地区各部门不得自行设立新的自然保护地类型。将国家公园等自然保护地分为中央直接管理、中央地方共同管理和地方管理3类，实行分级设立、分级管理。中央直接管理和中央地方共同管理的自然保护地由国家批准设立。

2018年3月，中共中央印发了《深化党和国家机构改革方案》，明确了国家公园等自然保护地管理部门和监管部门。国家林业和草原局（国家公园管理局）负责监督管理各类自然保护地，拟订各类自然保护地规划和相关国家标准，负责国家公园设立、规划、建设和特许经营工作，负责中央政府直接行使所有权的国家公园等自然保护地的自然资源资产管理和国土空间用途管制，提出新建、调整各类国家级自然保护地的审核建议并按程序报批。

同时，《深化党和国家机构改革方案》指出要组建生态环境部，负责制定并组织实施生态环境政策、规划和标准，统一负责生态环境监测和执法工作，监督管理污染防治、核与辐射安全，组织开展中央环境保护督察等。生态环境部负责组织制定各类自然保护地生态环境监管制度并监督执法。

2.5 国家公园管理机构

国家公园管理机构是承担国家公园各项事务的常设机构，是开展各项工作和实施规划、保护、管理的前提和重要组织保障。国家公园管理机构的设立重点是统一、规范、高效，可以由整合的各类自然保护地管理机构组建，也可以新建立。《建立国家公园体制总体方案》规定，国家公园管理机构应履行国家公园范围内的生态保护、自然资源资产管理、特许经营管理、社会参与管理、宣传推介等职责，负责协调与当地政府及周边社区关系。可根据实际需要，授权国家公园管理机构履行国家公园范围内必要的资源环境综合执法职责。

国家公园管理机构主要职责包括：贯彻执行国家公园的相关法律、法规和政策，接受国家公园管理部门和监管部门指导、监督；制定国家公园的各项管理制度，统一管理国家公园；负责自然资源保护和管理，调查自然资源并建立档案；实施生态环境保护与修复；组织或者协助有关部门开展科学研究工作；进行自然保护的环境教育；监督旅游、特许经营等活动。

专栏 2-1　三江源国家公园管理局

正在开展的三江源国家公园体制试点，成立了三江源国家公园管理局，作为省政府派出机构，主要依托三江源国家级自然保护区管理局，整合了分散在原林业、原国土资源、原环境保护、住房和城乡建设、水利、原农牧等部门的生态保护管理职责。三江源国家公园管理局负责统筹三江源国家公园和三江源国家级自然保护区各项工作，贯彻执行中央和省委、省政府方针政策，组织起草有关法规、规章草案，并监督执行；负责三江源国家公园自然资源资产管理和国土空间用途管制，依法实行更加严格的保护；制定并组织实施规划和建设标准；负责基础设施、公共服务设施的建设、管理和维护工作；拟定资金管理政策，提出专项资金预算建议，编制部门预算并组织实施，组织、管理、指导各类专项资金统筹、使用工作；负责范围内的风景名胜区、地质公园、湿地公园、水利风景区及生物多样性保护优先区域等各类保护地的管理；协调生态保护和建设重大事项，建立生态保护建设引导机制和考核评价体系；负责特许经营、社会参与和宣传推介工作；组织开展科研监测。

2.6 国家公园管理制度

国家公园管理制度是国家公园管理的法规或管理细则，是实施管理的重要依据和准绳。主要包括日常管理、财务管理、资源管理、保护与修复、监测、科研、宣传与环境教育、特许经营、社区共管、生态补偿、公众参与等一系列制度。

建立健全必要的规章制度和法律程序是建立和完善行政管理体制不可缺少的一环。国家公园管理机构应制定符合自身特色的管理制度体系，以制度的形式明确国家公园保护管理相关事项。目前，三江源国家公园已正式出台了《三江源国家公园条例（试行）》（2017 年 6 月 2 日由青海省第十二届人民代表大会常务委员会第三十四次会议通过），以及志愿者管理、特许经营、访客管理、生态管护公益岗位、草原生态补助奖励等多个管理办法，形成了较为完善的制度体系。神农架、武夷山等国家公园体制试点也制定了相关条例和管理制度。

2.7 协同管理机制

国家公园所在区域均属地方政府行政范围，与当地社会经济发展密切相关。如何合理划定中央与地方事权，明确国家公园管理机构与地方政府关系，关系到国家公园能否得到有效保护。《建立国家公园体制总体方案》提出要构建协同管理机制，要求合理划分中央和地方事权，构建主体明确、责任清晰、相互配合的国家公园中央和地方协同管理机制。中央政府直接行使全民所有自然资源资产所有权的，地方政府根据需要配合国家公园管理机构做好生态保护工作。省级政府代理行使全民所有自然资源资产所有权的，中央政府要履行应有事权，加大指导和支持力度。国家公园所在地方政府行使辖区（包括国家公园）经济社会发展综合协调、公共服务、社会管理和市场监管等职责。

目前，在开展的国家公园体制试点中，三江源国家公园成立专职管理局，地方政府仍承担生态保护的重要职责，管理局与地方党委政府干部交叉任职，县乡机构双重领导，便于工作的协调、衔接、配合，也可以发挥好机制保障的作用。东北虎豹、大熊猫、祁连山、神农架、武夷山等国家公园体制试点，都明确要求合理划分国家公园管理机构与地方政府的管理职责，由国家公园管理机构履行国家公园范围内的自然资源管理、生态保护、特许经营、社会参与和宣传推介等职责，地方政府行使辖区（包括国家公园）经济社会发展综合协调、公共服务、社会管理和市场监管等职责。

2.8 国家公园理念

国家公园理念是国家公园建设管理的核心价值观，是国家公园管理的基本信念和基本要求。《建立国家公园体制总体方案》从生态保护第一、国家代表性、全民公益性 3 个方面明确了我国国家公园理念。

（1）坚持生态保护第一：建立国家公园的目的是保护自然生态系统的原真性、完整性，始终突出自然生态系统的严格保护、整体保护、系统保护，把最应该保护的地方保护起来。国家公园坚持世代传承，给子孙后代留下珍贵的自然遗产。

（2）坚持国家代表性：国家公园既具有极其重要的自然生态系统，又拥有独特的自然景观和丰富的科学内涵，国民认同度高。国家公园以国家利益为主导，坚持国家所有，具有国家象征，代表国家形象，彰显中华文明。

（3）坚持全民公益性：国家公园坚持全民共享，着眼于提升生态系统服务功能，开展自然环境教育，为公众提供亲近自然、体验自然、了解自然及作为国民福利的游憩机会；鼓励公众参与，调动全民积极性，激发自然保护意识，增强民族自豪感。

2.9 国家公园功能定位

《建立国家公园体制总体方案》明确了我国国家公园的功能定位。国家公园是我国自然保护地最重要类型之一，属于《全国主体功能区规划》(国发〔2010〕46号)中的禁止开发区域,纳入全国生态保护红线区域管控范围,实行最严格的保护。国家公园的首要功能是重要自然生态系统的原真性、完整性保护,同时兼具科研、教育、游憩等综合功能。《关于建立以国家公园为主体的自然保护地体系的指导意见》确立国家公园在维护国家生态安全关键区域中的首要地位,确保国家公园在保护最珍贵、最重要生物多样性集中分布区中的主导地位,确定国家公园保护价值和生态功能在全国自然保护地体系中的主体地位,是我国自然生态系统中最重要、自然景观最独特、自然遗产最精华、生物多样性最富集的部分,保护范围大,生态过程完整,具有全球价值、国家象征,国民认同度高。

(1)生态保护功能:国家公园保护了重要的、具有国家甚至全球代表性的自然生态系统,是我国生态安全格局的骨架和重要节点;此外,国家公园拥有完整、健康的生态系统,区域生态调节功能强,具有维持和提升区域生态环境质量的重要作用,是维系我国生态功能的关键区域。

(2)科学研究功能:国家公园具有极其重要的科学和研究价值,可直观反映关键区域生态系统和自然资源的现状和演变趋势,为生态环境保护与恢复提供科学的背景数据,是我国最重要的科研平台。

(3)环境教育功能:国家公园蕴含丰富的生物、地质、环境、历史文化等知识,是人们了解、学习自然科学和人文历史,激发环境保护意识,增加民族自豪感,培育爱国主义精神的重要基地。

(4)欣赏游憩功能:国家公园景观独特、观赏价值高,代表国家形象,国民认同度高,在降低人为因素干扰和影响的前提下,给国民提供了亲近自然、了解自然、愉悦身心的场所。

2.10 国家公园的设立标准

世界各国在建设国家公园过程中均制定了符合各自实际的准入标准或选择条件,多以资源重要性、保护自然生态系统等为原则性的条件,并在本国国家公园相关法律法规中有所体现,对实现本国国家公园理念，规范国家公园建设管理起到了一定作用。例如，美国国家公园必须满足4个条件：国家重要性、适宜性、可行性和管理不可替代性。加拿大国家公园也必须满足4个条件：具有国家意义的自然特征或文化景观；具有保持生态完整性和可持续发展的潜力；受人类影响极小，处于自然状态或可恢复到自然状态；具有成立国家公园的可行性；能达成新国家公园协议。德国国家公园区域的指定基于3个条件：区域的自然资源具有特殊性；区域的大部分符合自然保护的相关规范；区域受人类影响较少。日本国家公园的选择是根据其秀美程度和环境特点决定的，是指全国范围内规模较大并且自然风光秀丽、生态系统完整、有命名价值的国家风景及著名的生态系统。

为了使各国在建立国家公园时有一个共同的标准，世界自然保护联盟将国家公园的选择标准概括为以下4个方面，并将其作为某个区域是否属于其保护地分类体系中国家公园（第Ⅱ类）的条件：

（1）面积不小于10平方千米，具有优美景观、特殊生态与地貌，以及国家代表性，并且未经人类开采、聚居或建设。

（2）为长期保护自然原野景观、原生动植物和特殊生态体系而设置。

（3）应由国家最高权力机构采取措施限制工商业及聚居的开发，禁止伐木采矿、设发电厂、农耕、放牧及狩猎等破坏行为，有效维护生态与自然景观平衡。

（4）要维护现有的自然状态，作为现代及未来科研、教育、旅游与启智的资源。

《建立国家公园体制总体方案》考虑到国家公园准入标准系统性、多维性、综合性等特点，应严格遵循国家公园理念和基本原则，以实现重要自然生态系统完整性和原真性的目标，制定的国家公园准入条件要确保自然生态系统和自然遗产具有国家代表性、典型性，确保面积可以维持生态系统结构、过程和功能的完整性，确保全民所有的自然资源资产占主体地位，管理上具有可行性。

2.11 国家公园的设立与调整

目前，我国还未明确国家公园设立、调整的具体要求，但从相关政策中，部分内容已得到明确。《建立国家公园体制总体方案》要求，国家公园设立标准和相关程序明确后，由国家公园主管部门组织对试点情况进行评估，研究正式设立国家公园，按程序报批。各地区各部门不得自行设立或批复设立国家公园。同时，还要求国家公园建立后，在相关区域内一律不再保留或设立其他自然保护地类型。此外，国家公园的设立、调整，鼓励社会参与，如在国家公园设立、建设、运行、管理、监督等各环节，以及生态保护、自然教育、科学研究等各领域，引导当地居民、专家学者、企业、社会组织等积极参与。

我国现行的自然保护区、风景名胜区等自然保护地，其设立与调整程序可为国家公园设立和调整提供参考。《中华人民共和国自然保护区条例》《中华人民共和国风景名胜区条例》对自然保护区、风景名胜区设立进行了明确规定，2013 年国务院出台了《国家级自然保护区调整管理规定》(国函〔2013〕129 号)，对国家级自然保护区的范围调整、功能区调整及更改名称做出了明确规定。

2.12 国家公园监督考核

2.12.1 领导干部自然资源资产离任审计

2017 年 6 月，原中央全面深化改革工作领导小组经会议审议通过了《领导干部自然资源资产离任审计规定(试行)》，之后中共中央办公厅、国务院办公厅印发了该文件。《领导干部自然资源资产离任审计规定(试行)》对领导干部自然资源资产离任审计工作提出具体要求。

《领导干部自然资源资产离任审计规定(试行)》明确，开展领导干部自然资源资产离任审计，主要审计领导干部贯彻执行中共中央生态文明建设方针政策和决策部署情况，遵守自然资源资产管理和生态环境保护法律法规情况，自然资源资产管理和生态环境保护重大决策情况，完成自然资源资产管理和生态环境保护目标情况，履行自然资源资产管理和生态环境保护监督责任情况，组织自然资源资产和生态环境保护相关资金征管用和项目建设运行情况，以及履行其他相关责任情况。

《领导干部自然资源资产离任审计规定（试行）》强调，审计机关应当根据被审计领导干部任职期间所在地区或者主管业务领域自然资源资产管理和生态环境保护情况，结合审计结果，对被审计领导干部任职期间自然资源资产管理和生态环境保护情况变化产生的原因进行综合分析，客观评价被审计领导干部履行自然资源资产管理和生态环境保护责任情况。

《领导干部自然资源资产离任审计规定（试行）》要求，被审计领导干部及其所在地区、部门（单位），对审计发现问题应及时整改。国务院及地方各级政府负有自然资源资产管理和生态环境保护职责的工作部门应加强部门联动，尽快建立自然资源资产数据共享平台，为审计提供专业支持和制度保障，支持、配合审计机关开展审计。

2.12.2 生态环境损害责任追究

2015 年 8 月，中共中央办公厅、国务院办公厅印发《党政领导干部生态环境损害责任追究办法（试行）》。这是一项生态文明建设专项配套政策文件，首次对追究党政领导干部生态环境损害责任做出制度性安排。建立党政领导干部生态环境保护问责制，是我国生态文明建设的重要制度。中国共产党第十八届中央委员会第三次全体会议明确指出“必须建立系统完整的生态文明制度体系，实行最严格的源头保护制度、损害赔偿制度、责任追究制度，完善环境治理和生态修复制度，用制度保护生态环境”，并提出要“建立生态环境损害责任终身追究制”。

2.12.3 中央环境保护督察

中共中央、国务院高度重视环境保护督察工作，开展环境保护督察，是中共中央、国务院为加强环境保护工作采取的一项重大举措，对加强生态文明建设、解决人民群众反映强烈的环境污染和破坏问题具有重要意义。督察要明确责任主体，推动地方党委、政府和有关部门履职尽责，推动落实环境保护党政同责、一岗双责；要围绕环境保护法律法规和政策措施贯彻落实情况，突出抓好环境保护督察重点任务；要把握政策尺度，处理好保护环境和发展经济的关系，努力实现二者相互促进、有机统一；要严格程序规范，边督察边整改，健全长效机制，提高督察工作的实效性。

中央环保督察组是根据《环境保护督察方案(试行)》(简称《方案》)设立的部际间联合工作组，由原生态环保部牵头成立，中共中央纪律检查委员会、中共中央组织部的相关领导参加，是代表中共中央、国务院对各省(自治区、直辖市)党委和政府及其有关部门开展的环境保护督察。2015 年 9 月，原中央全面深化改革工作领导小组第十四次会议审议通过《方案》，要求全面落实党委、政府环境保护的党政同责、一岗双责主体责任。

2.12.4 “绿盾”专项行动

为贯彻落实《中共中央办公厅、国务院办公厅关于甘肃祁连山国家级自然保护区生态环境问题督查处理情况及其教训的通报》精神，全面强化全国自然保护区监管，2017—2018 年，原环境保护部、原国土资源部、水利部、原农业部、原国家林业局、中国科学院、原国家海洋局等 7 个部门联合组织开展了“绿盾 2017”“绿盾 2018”国家级自然保护区监督检查专项行动。“绿盾”专项行动是原 7 个自然保护区主管部门首次在全国联合开展的国家级自然保护区监督检查专项行动，并首次实现对 446 处国家级自然保护区的全覆盖，是我国自然保护区建立以来检查范围最广、查处问题最多、追查问责最严、整改力度最大的一次专项行动。“绿盾”专项行动重点查处了自然保护区内采矿、采石、工矿企业和核心区、缓冲区内的旅游与水电开发等对生态环境影响较大的问题，发挥了震慑、警示和教育作用。

在“绿盾”专项行动的有力督促及强大压力下，地方各级党委政府的生态保护责任意识得到了进一步加强，不仅认真核查处理交办的问题(线索)，还举一反三，进行深入全面检查，将“绿盾”专项行动排查范围扩大至地方级自然保护区，进一步督促提高地方级自然保护区建设和管理水平。

生态环境部将“绿盾”自然保护区监督检查专项行动纳入工作计划，采取压茬推进的方式，坚持连续开展专项行动，不断推动自然保护区执法监督深化、细化、实化，解决老问题，防止新问题，坚决遏制自然保护区受侵蚀和破坏的趋势，全面改善自然保护区生态环境。

3 生态系统

3.1 生态系统

生态系统是指在一定空间中共同栖居着的所有生物（即生物群落）与其环境之间由于不断地进行物质循环和能量流动过程而形成的统一整体。生态系统主要是功能上的单位，其时间、空间范围并无严格限制。生态系统的时空尺度往往依据所研究具体问题的特征而确定。

保护具有原真性和完整性的生态系统是建立国家公园的主要目的之一。在国家公园的建设管理过程中，需坚持生态保护第一，始终突出自然生态系统的严格保护、整体保护、系统保护，并提升生态系统服务功能。

3.2 生态系统类型

生态系统类型具有不同的划分方法。其中，应用最为广泛的是按照生态系统的非生物成分特征进行划分。按照此种划分方法，生态系统可分为陆地生态系统和水域生态系统两大类。陆地生态系统主要根据组成成分、植被特征等进行进一步划分，主要可以分为森林生态系统、草地生态系统、荒漠生态系统、冻原生态系统、农田生态系统和城市生态系统。水域生态系统主要根据地理和物理状态进一步划分，主要可以分为淡水生态系统和海洋生态系统。

此外，按照人类活动程度，生态系统可以划分为自然生态系统、半自然生态系统和人工复合生态系统。另有按照生态系统结构或生态系统内生物成分等不同来划分生态系统类型的方法。

我国的国家公园试点都分布有森林生态系统。各试点都把淡水生态系统作为重要保护对象。此外，三江源国家公园和祁连山国家公园的主要生态系统类型为草地生态系统，园区内还分布有荒漠生态系统和冻原生态系统。

3.3 生态系统结构

3.3.1 种群

种群是指在同一时期内占有一定空间的同种生物个体的集合（图 3-1）。种群的特征是组成个体都属于同一物种，由种内关系组成一个统一体，并且占有一定空间。种群在自然中往往难以划出明晰的边界，因此对种群的界定往往根据调查研究的目的划分。种群也可以用于泛指某一物种的所有种群。一般情况下，自然种群有 3 个主要特征：遗传特征，即具有一定的基因组成，形成一个基因库；空间特征，即种群占据一定的分布区域；数量特征，即种群的密度是变动的。种群动态的相关研究主要关注数量特征，包括种群数量和密度、种群密度分布、种群的数量变动（迁入迁出、增长率等）及种群变动原因（种群调节）。

图 3-1 青藏高原的藏野驴群

3.3.2 生态位

生态位，又称生态龛，是指一个种群在生态系统中，在时间空间上所占据的位置及其与相关种群之间的功能关系与作用，表示生态系统中每种生物生存所必需的生境最小阈值。

3.3.3 生态幅

生态幅，又称生态价，是指某一物种对环境因子的耐受范围，即其对生态因子耐受范围的最高点与最低点之间的范围。生态幅由物种的遗传特性决定，并受该物种适应范围较窄的环境因子（即限制因子）所限制，由其临界期的耐性决定。例如，生物的繁殖期一般为临界期，这时某一生态因子的不足或过多，最易起限制作用，从而造成生物繁殖期的生态幅比营养期窄。生态幅与环境相互作用决定了生物的分布区。

3.3.4 群落

群落是指在同一时期内聚集在同一空间上的各物种种群的集合。群落具有一定的物种组成，这是区分不同群落的最主要特征。组成群落的各物种种群具有相互联系，如捕食、竞争、共生等。此外，群落的特征还包括具有自己的内部环境、一定的结构、一定的分布范围、动态特征、边界等。

3.3.5 演替

演替是指发生在一个地区之内的一个群落被另一个群落有规律地渐次取代，直到出现一个相对稳定的群落即顶级群落为止的群落发展过程。在演替过程中，随着时间的推移，生物群落内一些物种消失，另一些物种侵入，生态系统的组成、结构和功能由简单到复杂、由低级向高级，最后达到一个稳定的顶级群落。群落演替区别于群落波动的特征在于，演替过程是一个群落代替另一个群落，并具有方向性。

3.3.6 顶级群落

顶级群落是指演替系列中最后到达的稳定群落。顶级群落是群落达到稳态的状态，群落生产的物质与死亡的物质相等，输入与输出平衡，同时具有很高的物种多样性、发育良好的空间结构和复杂的食物网，并能长久地自我维持下去。

顶级群落的稳定性强、完整性高，是一个地区、一类环境条件下生物群落的最优状态，具有重要的保护价值。很多国家公园把独具特色的顶级群落作为主要的保护对象，如我国湖南省南山国家公园的亮叶水青冈顶级群落（图 3-2）。

图 3-2 南山国家公园亮叶水青冈顶级群落

3.3.7 植被

植被是指在一个地区的植物群落的总体。按照植被的综合特征，可以对植被进行分类。植被的分类单位有3级，分别为植被型（高级单位）、群系（中级单位）和群丛（基本单位）。植被型为建群种生活型相同或相似，具有一致的外貌，同时对水热条件的生态关系一致的植物群落联合。群系为建群种或共建种相同的植物群落联合。群丛是植物群落分类的基本单位，为层片结构相同、各层片优势种或共优种相同的植物群落联合。

植被具有地带性特征。植被的水平地带性为植被随着经纬度变化而出现的地带性分布规律，包括植被随纬度变化带来的热量变化而逐渐更替的纬度地带性，以及植被随着经度变化带来的降水量变化而具有规律性变化的经度地带性。植被的垂直地带性为植被随海拔高度变化而呈现的垂直分布规律，其变化情况通常与山体所在地向高纬度变化的植被纬度地带性相似。

3.3.8 层片

层片是指由相同或相近生活型的不同植物种类组成的群落亚单位，是植物群落的空间结构部分。同一层片具有一定的种类组成、生态生物学一致性和环境特征。

3.3.9 优势种

优势种是指植物群落各层次中占据优势的植物种类，或为一个或几个可以决定生物群落主要特征的物种。优势种通常个体数量最多或生物量最大，在生态系统的能量流动和物质循环中贡献最大，并可以反映群落生境条件。

3.3.10 建群种

建群种是指植物群落内对形成群落环境、群落外貌和结构等特性起着决定作用的植物种类。一个群落内可以有一个或多个建群种。建群种在群落内的个体数量往往较多，并具有占据上层空间或者控制土壤的特性。

3.3.11 关键种

关键种是指对特定群落或生态系统的结构和功能起决定作用的物

种。关键种对其他物种的分布和多度起着直接或间接的调控作用，对群落的稳定性、物种多样性和许多生态过程的持续和改变有决定作用。关键种可能不是大型物种，也可能不是优势种或者旗舰种，但在保持生态系统结构和功能稳定方面有关键作用，如果它们消失或减少，会导致整个生态系统的改变（图 3-3）。

图 3-3 三江源高寒草甸生态系统的关键种——鼠兔

3.4 生态系统组成

3.4.1 非生物环境

非生物环境是指生态系统中参加物质循环的无机元素和化合物、联系生物和非生物成分的有机物质，以及气候和其他物理条件（如温度、光照、压力等）。

3.4.2 生产者

生产者是指能以简单无机物制造食物的自养生物，可以自己合成有机物，固定能量。主要是绝大多数种类的植物和一些微生物。

3.4.3 消费者

消费者是指生态系统中只能直接或间接利用生产者所制造的有机物获得能量的异养生物，主要是各类动物。

3.4.4 分解者

分解者是指生态系统中通过将动植物残体等复杂的有机物分解为可被生产者利用的简单化合物并释放能量的异养生物，主要为微生物和一些无脊椎动物等。

3.4.5 食物链和食物网

生产者所固定的能量和物质，通过一系列取食和被取食关系在生态系统中传递，各种生物按照其食物关系排列的链状顺序为食物链。食物链交错而形成的网状系统即为食物网。

3.5 生态系统功能

3.5.1 物质循环

生态系统的物质循环是指生态系统从大气、水体和土壤等环境中获得营养物质，通过绿色植物吸收，进入生态系统，被其他生物重复利用，最后再归还于环境中的过程。生态系统中的物质循环具有以下特点：物质循环是循环往复的，物质循环与能量流动总是相伴发生；生命所需的各种物质(元素)的最初来源是岩石圈，其供应是不变的；元素可以被生态系统成员反复利用。全球尺度上的物质循环称为全球生物地球化学循环，主要分为3个大类型，即水循环、气体型循环和沉积型循环。

3.5.2 能量流动

生态系统的能量流动始于绿色植物的光合作用对太阳辐射能的固定。能量流动遵循热力学第一和第二定律，在生态系统中只能沿着食物链单向流动，并且逐级递减。

3.5.3 初级生产量

初级生产量是指植物所固定的太阳能或所制造的有机物质。其中，去除植物通过呼吸作用消耗的有机物，所剩下的可用于植物生长和繁殖的有机物生产量为净初级生产量；包括呼吸作用消耗的全部生产量为总初级生产量。

光、二氧化碳及营养物质是初级生产量的基本资源。在陆地生态系统中，影响光合效率的主要因素是温度；在水域生态系统中，最主要影响因素是光。

3.5.4 次级生产量

次级生产量是指在被动物（消费者）同化的能量中，去除呼吸作用和用于生命维持消耗的部分，所用于动物生长繁殖的能量。当一个动物种群处于出生率最高、个体生长速度最快的状态时，即为这个种群次级生产量最高的时候。

3.5.5 分解作用

生态系统中的分解作用是指死的有机物质逐步降解的过程。在此过程中，复杂的有机物被分解，无机元素被释放出来，并释放出能量。分解作用较为复杂，包括了碎裂、异化和淋溶 3 个过程的综合。

3.5.6 信息传递

信息传递也是生态系统的重要功能。在生态系统中，生物种群内个体之间、种群之间甚至生物和环境之间都存在信息传递。信息传递往往是双向的，其类型主要包括物理信息（如声、光、热、电磁等）、化学信息（如气味、激素、体液等）、行为信息（如一些动物特殊的行为）和营养信息（如食物链）等。生态系统中的信息流使生态系统产生了自动调节机制。

3.5.7 生态过程

生态过程是指生态系统的组成、结构和功能在时间、空间上的变化，包括生态系统中种群之间及种群与环境之间的各种相互作用及群落的演替等，具体为存在于生态系统之间和生态系统内的物质循环、能量流动和信息传递，物质的生产和分解，生物间的捕食、竞争和寄生，生物体的扩散传播，干扰的扩散等。有时认为生态过程相当于生态系统功能。

3.6 生态系统服务

生态系统服务是指人类从生态系统中获得的收益。生态系统服务功能主要包括供给服务功能、调节服务功能、文化服务功能及支持服务功能。通过保护生态系统的健康、修复退化生态系统等措施提升生态系统服务功能，是国家公园的重要建设目的之一。

3.6.1 供给服务功能

生态系统具有为人类提供产品的功能。生态系统提供的产品包括淡水、食品、纤维、生物质燃料、基因资源、生化产品和天然药物、观赏动植物资源等。

3.6.2 调节服务功能

生态系统具有为人类提供调节性效益的功能，包括空气质量调节、气候调节、水文调节、水土保持、水质净化和废物处理、疾病调节、虫害调节、授粉和自然灾害调节等。

3.6.3 文化服务功能

生态系统具有为人类提供非物质形态收益的功能，包括丰富精神生活、发展认知、提供休闲娱乐和美学体验等。具体体现在决定文化多样性，影响不同文化发展、知识体系及社会关系，具有精神和宗教价值、美学价值、文化遗产价值，为艺术提供灵感，以及具有教育功能和游憩功能等方面。

3.6.4 支持服务功能

生态系统具有提供其他生态系统服务必备的支撑条件的功能。支持服务通常是间接而长期的，包括土壤形成、光合作用、初级生产、水循环、营养循环等。

3.7 生态系统完整性

生态系统完整性具有不同的含义，以此衍生出不同的定义。有研究认为，生态系统完整性是指生态系统具有一个区域处于自然生境条件下所能期望的全部成分和过程，并且支持或维持这些成分完整和过程平衡的能力。在《实施世界遗产公约操作指南》中，对于自然遗产的完整性具有以下界定：应包括其自然关系中所有或大部分重要的相关独立元素；应拥有足够的规模，并包含必要的成分，以展示其所具备的、对于长期保存生态系统和生物多样性而言十分重要的过程；应具有突出的美学价值；应包括代表该生物地区最大限度多样性特点的动植物栖息地及其生态系统。

生态系统完整性可以从以下 3 个方面来解读：

(1)从生态系统组成要素完整性角度：生态系统完整性是生态系统在特定地理区域的最优化状态。在这种状态下，生态系统具备区域自然生境所应包含的全部本土生物多样性和生态过程，其结构和功能没有受到人类活动胁迫的损害，本地物种处在能够持续繁衍的种群水平。

(2)从生态系统的系统特性角度：生态系统完整性主要体现在生态系统健康、抵抗力及恢复力、自组织能力 3 个方面。生态系统健康即在常规条件下维持最优化运作的能力；抵抗力及恢复力即在不断变化的条件下抵抗人类胁迫和维持最优化运作的能力；自组织能力即继续进化和发展的能力。

(3)从耗散结构理论角度：生态系统可以认为是一种耗散结构，随着系统的发展和成熟，其总耗散量不断增加。耗散的自然生态系统将具有更强的能量捕获能力、更强的呼吸和蒸腾作用、更多的能量流通途径、更多的物质循环途径、更高水平的营养结构、更高的生物多样性和更大的生物量。这些性质实质上是生态系统组成（物理组成、化学组成、生物组成）和生态学进程（生态系统功能）完整性的具体表现，反映了生态系统完整性的内涵。

保护重要生态系统的完整性是国家公园的目的和首要功能之一，在对国家公园进行选址和功能分区确定时，需注意确保国家公园面积可以维持生态系统结构、过程、功能的完整性。

3.8 生态系统原真性

原真性最初在《实施世界遗产公约操作指南》中用于描述文化遗产的真实性。在国家公园的生态系统保护领域中，原真性可以理解为是生态系统保持原貌的程度。在完整性的基础上，原真性更强调了生态系统的原生程度及受人为干扰的程度。

保护重要生态系统的原真性也是国家公园的目的和首要功能之一。国家公园在规划、建设和管理过程中需要加强保护生态系统原真性，如在功能分区管控、生态保护等方面提出相应的措施，保护生态系统的原始风貌，减少人为干扰。

3.9 生态系统健康

生态系统健康是指一个生态系统所具有的稳定性和可持续性，即在时间上具有维持其组织结构、自我调节和对胁迫的恢复能力，可以通过活力、组织结构和恢复力 3 个特征进行定义。影响生态系统健康的原因有很多，多为人类活动所致。例如，污染物排放、非点源污染、过度捕捞、围湖造田、水土流失、外来种入侵和水资源不合理利用等是影响水生态系统健康的主要原因。评价生态系统健康需要基于功能过程来确定指标，特别是评价其受干扰后的恢复能力。

3.10 生态系统退化

生态系统退化是指生态系统结构和功能在干扰下发生偏移，导致原有的平衡状态被打破，使系统的结构和功能发生变化，产生障碍，形成破坏性波动或恶性循环的过程。自然因素、人为因素或者两者结合都可能造成生态系统退化。生态系统退化可以导致生态系统结构破坏、功能衰退、生物多样性减少、生物生产力下降及系统生产潜力衰退、资源丧失等一系列生态恶化现象(图 3-4)。

图 3-4 无人机拍摄的退化草地

3.11 生态系统监测

生态系统监测包括对生态系统的各项组成要素的基本情况、各要素之间的相互关系、生态系统结构及生态功能等进行的监测。监测内容包括气候、水文、土壤等非生物环境因素基本情况，植被和动植物物种及其面积、数量等生物因素基本情况，生态系统初级生产力等生态功能，水污染、大气污染及水土流失情况等生态系统面临的威胁等。生态系统监测可以使管理者科学、全面地了解生态系统的现状和面临的威胁，是对生态系统进行保护、管理的前提和基础。

3.12 生态敏感性

生态敏感性是指生态系统对人类活动干扰和自然环境变化的反映程度，说明发生区域生态环境问题的难易程度和可能性大小。具体来说就是，如果在同样的人类活动强度影响或外力作用下，各生态系统出现区域生态环境问题（如沙漠化、盐渍化、水土流失和酸雨）的概率大小。

3.13 生态脆弱性

不同的学者基于不同的角度给出了相应的生态脆弱性的概念。有研究基于系统面对外界干扰的结果，将生态脆弱性定义为生态系统遭受不利影响或损害的程度。也有研究认为生态脆弱性是在特定时空尺度中生态系统相对于外界扰动影响具有敏感性和恢复能力，它是系统自身固有的属性，是在外界影响因素的扰动下表现出来的。综合相关概念，总结出生态脆弱性的特点，将其定义为：生态系统在特定时空尺度下，对外界自然和人为扰动因素具有敏感性和自恢复能力，在遭受侵扰后表现出来的使系统朝着逆方向发展并难以恢复原来状态的自然属性。

3.14 生态压力

生态压力具有两个尺度的含义：在生物个体和种群的尺度上，是指危及生物个体生长和发育的外界干扰因素（如寒冷、干旱或饥饿等）及其所产生的生理效应；在种群以上的尺度上，是指危及种群、群落和生态系统稳定性的外界干扰因素（如人口增长、资源短缺或环境污染等）及其所产生的生态负效应。在国家公园规划和管理的应用中，多采用后一种含义。生态压力既可以指一种作用、过程，也可以指其作用过程产生的结果。其对生态系统的影响，具有长期作用、不易恢复的特点，可对生态系统结构和功能加以根本破坏。

3.15 生态弹性

生态弹性是指生态系统自我维持、自我调节及其抵抗各种压力与扰动的能力。生态弹性可以缓解压力和扰动对生态系统的破坏，保持系统不崩溃，还可以最大限度地保障资源与环境承载功能的正常发挥。

3.16 生态安全

生态安全是 20 世纪后半叶提出的概念，是指一个国家赖以生存和发展的生态环境处于不受或少受破坏与威胁的状态，通常具有两重含义：一方面是指生态系统自身是否安全，即其自身结构是否受到破坏，功能是否健全；另一方面是指生态系统对于人类是否安全，即生态系统所提供的服务是否能满足人类生存发展的需要。我国在 2000 年发布的《全国生态环境保护纲要》（国发〔2000〕38 号）中，第一次明确提出了维护国家生态环境安全的目标。

生态安全具有多重特征。

（1）整体性：局部生态环境的破坏可能引发全局生态问题，甚至会导致整个国家和民族的生存条件受到威胁。

(2)综合性：影响生态安全的因素有很多，这些因素相互作用、相互影响，使生态安全的维护显得尤为复杂。

(3)区域性：地域不同、对象不同，生态安全的影响因素和表现形式也会不同。

(4)动态性：生态安全会随着影响因素的发展变化而在不同时期表现出不同的状态。

(5)战略性：生态安全关系国计民生，关系经济社会的可持续发展。

专栏 3-2　生态安全屏障

《全国主体功能区规划》(国发〔2010〕46 号)明确了我国以“两屏三带”为主体的生态安全战略格局。这是指以青藏高原生态屏障、黄土高原—川滇生态屏障、东北森林带、北方防沙带和南方丘陵山地带及大江大河重要水系为骨架，以其他国家重点生态功能区为重要支撑，以点状分布的国家禁止开发区域为重要组成部分的生态安全战略格局。青藏高原生态屏障重点保护好多样独特的生态系统，发挥涵养大江大河水源和调节气候的作用。黄土高原—川滇生态屏障重点要加强水土流失防治和天然植被保护，发挥保障长江、黄河中下游地区生态安全的作用。东北森林带重点要保护好森林资源和生态多样性，发挥东北平原生态安全屏障的作用。北方防沙带重点要加强防护林建设、草原保护和防风固沙，对暂不具备治理条件的沙化土地实行封禁保护，发挥“三北”地区生态安全屏障作用。南方丘陵山地带重点加强植被修复和水土流失防治，发挥华南和西南地区生态安全屏障的作用。构建“两屏三带”生态安全战略格局，对这些区域进行切实保护，使生态功能得到恢复和提升，对于保障国家生态安全，实现可持续发展具有重要战略意义。

在我国的国家公园试点中，三江源国家公园是青藏高原生态屏障的重要组成部分，大熊猫国家公园处在黄土高原—川滇生态屏障，祁连山国家公园是北方防沙带中部的重要屏障，东北虎豹国家公园位于东北森林带中，南山国家公园在南方丘陵山地带内。

4 自然资源

4.1 自然资源

《辞海》对自然资源的定义为"天然存在的自然物(不包括人类加工制造的原材料),如土地资源、矿产资源、水利资源、生物资源、气候资源等,是生产的原料来源和布局场所"。

联合国环境规划署对自然资源的定义为"在一定时间和技术条件下,能够产生经济价值的,以提高人类当前和未来福利的自然环境因素的总称"。

《大英百科全书》对自然资源的定义为"人类可以利用的自然生成物,以及形成这些成分的源泉的环境功能。前者如土地、水、大气、岩石、矿物、生物及其群集的森林、草地、矿藏、陆地、海洋等;后者如太阳能、环境的地球物理机能(气象、海洋现象、水文地理现象)、环境的生态学机能(植物的光合作用、生物的食物链、微生物的腐蚀分解作用等)、地球化学循环机能(地热现象、化石燃料、非金属矿物的生成作用等)"。

按照对自然资源的共识,自然资源是在一定时间和技术条件下,能够产生经济效益,以提高人类当前和未来福利的自然因素和条件的总称,包括有形的自然资源(如土地、水体、动植物、矿产等)和无形的自然资源(如空气、光资源、热资源等)。

4.2 自然资源资产

自然资源资产是指产权主体明确、产权边界清晰、可给人类带来福利、以自然资源形式存在的稀缺性物质资产。

自然资源资产是以自然状态存在的资产,具有以下基本属性。

(1)自然资源资产是基础性资产,关系一个国家、一个民族或一个地区的生存和发展，关系到国家安全；自然资源资产安全是国家安全的重要组成部分。

(2)自然资源资产的使用具有排他性，自然资源资产的使用权赋予某个主体，往往由于空间的不可重叠特性，其他主体就不能再取得相应的使用权。

(3)自然资源资产往往具有刚性需求的特性，这与人口增长、自然资源稀缺度不断提升是联系在一起的。

(4)自然资源资产的替代性较差，水、土地、能源、矿产、生物等自然资源资产往往很难有替代品，替代是渐进的、有限的。

(5)自然资源资产具有保值特性与增值特质，这也是由自然资源资产的稀缺性、不可替代或有限替代特性所决定的，因此土地资产、森林资产等往往是保值和增值的重要领域。

(6)自然资源资产具有区位性或非遍布同质的特性，这也是由自然资源的区域性特点所决定的。

专栏 4-1　自然资源资产与自然资源的关系

自然资源资产源于并基于自然资源，没有自然资源便没有自然资源资产；自然资源的功能和属性是自然资源资产功能和属性的基础。自然资源资产与自然资源也有着明显的差异性。前者强调的是价值，后者强调的是实物；前者的管理一体化基础较好，后者的管理一体化基础较差。

4.3　自然资源产权制度

自然资源产权制度是自然资源的所有、使用、转让等法律制度的总称，主要包括自然资源的所有权制度、使用权制度和转让权制度等。我国自然资源产权制度随着对自然资源利用方式的变化不断变革完善，自然资源产权制度的演进直接表现为相关法律制度的演进，大体经历了完全的公有产权阶段、使用权的无偿取得和不可交易阶段、使用权的有偿取得和可交易阶段。产权制度总体上向着适应市场经济、有利于资源合理配置与可持续利用的方向演进。

根据权利的表现形式或实现方式对权利进行划分，自然资源产权权利类型分为所有权、使用权及他项权 3 个大类。

(1)所有权：是所有人依法对自己财产所享有的占有、使用、收益和处分的权利，具有绝对性、排他性、永续性等特征。我国的自然资源所有权分为国家所有权和集体所有权。

(2)使用权：是在国有自然资源所有权或集体自然资源所有权基础上，所享有的自然资源占有、利用、收益和有限处分的权利，包括国有自然资源使用权和农村集体自然资源使用权。

(3)他项权：是我国特有的概念，指在土地、房屋、森林(林木)等不动产和动产的所有权和使用权以外，依照法律、合同或者其他合法行为设定，并依照法律规定登记的权利。

4.4 自然资源管理

自然资源管理是指为了平衡自然资源供给与需求，根据自然资源系统与社会经济系统的内在联系，采取经济、行政、法律、技术等复合手段，实现自然资源优化配置和可持续利用目标的过程。

(1)经济手段：一般包括产权分配与再分配，价格(定价、价格管制)与补贴，投资、利率与汇率，税收等。

(2)行政手段：一般包括配额与准入，审批，投资、利率与汇率，税收等。

(3)法律手段：一般包括开发利用管制与限制，产权改革与等级，法律责任及惩罚等。

(4)技术手段：一般包括调查与评价技术、规划与设计技术，监测与信息技术。

(5)优化配置：指自然资源与其他经济要素之间的组合关系在时间、空间及产业结构等方面的安排或演变的过程。

(6)可持续利用：指既满足当代人的需求又不危及后代人满足其发展的需求。

国家公园属于特定的自然资源保护区域，国家公园的自然资源不同于其他一般的物和财产，它具有资源和环境的双重属性，不仅具有经济价值，还具有生态价值。国家公园等各类自然保护地的自然资源和自然资源资产管理很难分开，强制分开管理不利于自然资源的保护和可持续利用，还容易形成新的“九龙治水”、碎片化管理的局面。我国要建立国家公园体制，必须客观认识国家公园等各类自然保护地是所有自然资源的综合体，具有生态和经济双重属性。对其管理应从有形的物质资源入手，对自然资源和自然资源资产进行统一管理，从源头上开展保护与管控，最终实现自然资源可持续利用的根本目的。

4.5 自然资源管理体制

2015 年，中共中央、国务院印发了《生态文明体制改革总体方案》，在健全国家自然资源资产管理体制方面，提出“按照所有者和监管者分开和一件事情由一个部门负责的原则，整合分散的全民所有自然资源资产所有者职责，组建对全民所有的矿藏、水流、森林、山岭、草原、荒地、海域、滩涂等各类自然资源统一行使所有权的机构，负责全民所有自然资源的出让等”。

国家公园作为国家战略性自然资源，按照权责一致的原则，体现全民公益性，国家公园范围内全民所有的自然资源所有权应由中央政府统一行使。但在当前国情下，国家公园内自然资源全部交由中央政府直接管理的时机还不成熟，应采用中央垂直管理、中央与省级政府共同管理两种模式，待条件成熟时，逐步过渡到统一由中央政府直接行使所有国家公园内全民所有的自然资源管理。

为确保国家公园范围内自然资源的有效管理，除明确全民所有的自然资源由国家公园管理机构直接管理外，还应对集体所有的自然资源进行严格管理。《建立国家公园体制试点方案》中要求“对试点区内集体所有的土地及其附属资源，可通过征收、流转、出租、协议等方式，调整土地权属，明确土地用途”。《关于建立以国家公园为主体的自然保护地体系的指导意见》中明确提出“非全民所有自然资源资产实行协议管理”。国家公园内集体所有的自然资源，根据国家公园保护管理需要可依法予以征收，无法征收的要根据不同功能分区和保护要求实现差别化用途管制。重点保护区域的集体土地，应在充分征求其所有权人、承包权人的意见基础上，优先通过租赁、置换等规范方式流转，由国家公园管理机构统一管理。其他功能分区的集体土地可通过合作协议等方式实现统一有效管理。

4.6 自然资源监管体制

完善自然资源监管体制，就需要将分散在各部门的有关用途管制职责逐步统一到一个部门，统一行使所有国土空间的用途管制职责。建立健全国家公园监管体制是对国家公园实行更严格管理的有力保障，应按照全面覆盖、全程监管、科技支撑、体系完善、有力有效的要求，构建国家公园行政监管和社会监督相结合的综合监管体系。

建立健全国家公园自然资源监管机制，应注重以下几个方面：

(1)健全国家公园监管制度，强化对国家公园生态保护等工作情况的监测、评估考核、执法督查、督察问责等。

(2)完善监测指标体系和技术体系，定期对国家公园开展监测，构建国家公园自然资源基础数据库及统计分析平台。

(3)加强对国家公园生态系统状况、环境质量变化、生态文明制度执行情况等方面的评价，对国家公园管理和保护成效进行科学评估。

(4)建立健全社会监督机制，建立举报制度和权益保障机制，保障社会公众的知情权、监督权，接受各种形式的监督。

4.7 所有者和监管者

国家对全民所有自然资源资产行使所有权并进行管理，这与国家对国土范围内自然资源行使监管权是不同的。自然资源资产所有者对自然资源资产行使所有权并进行管理是一种民事权利，自然资源监管者对自然资源行使监管权是一种行政权力。鉴于自然资源具有外部性和公共物品属性等特点，自然资源资产所有者在对自然资源资产进行配置和处置时应受到限制，要符合用途管制要求和保护生态环境等公共利益需要；自然资源监管者也不得超越用途管制要求，干预自然资源资产所有者依法行使权利。自然资源资产所有者以自然资源资产的保值增值为主要目标，自然资源监管者以自然资源的可持续利用和生态保护为主要目标，两者之间要建立沟通协商和监督制约机制，实现信息共享，确保两个方面工作目标的对立统一。

按照《深化党和国家机构改革方案》(2018 年中国共产党第十九届中央委员会第三次全体会议通过)要求，针对国家公园等各类各级自然保护地，建议自然资源部门负责自然保护地的自然资源调查和确权登记。国家公园管理局负责管理各类各级自然保护地，建立并组织实施日常管理制度，审查并组织实施国家公园等国家级自然保护地总体规划，编制自然保护地建设管理预算，实施生态保护修复，对依法利用进行行政许可，开展宣传教育和科学研究。生态环境部门拟订并监督实施自然保护地政策、规划和标准，负责自然保护地生态状况监测和评估、管理目标考核及行政执法，并对自然保护地管理工作进行督察问责。

4.8 所有权分级

对全民所有的自然资源资产，按照不同资源种类和在生态、经济、国防等方面的重要程度，研究实行中央和地方政府分级代理行使所有权职责的体制，实现效率和公平相统一。分清全民所有中央政府直接行使所有权、全民所有地方政府代理行使所有权的资源清单和空间范围。中央政府主要对石油天然气、贵重稀有矿产资源、重点国有林区、大江大河大湖和跨境河流、生态功能重要的湿地草原、海域滩涂、珍稀野生动植物等直接行使所有权。

针对国家公园而言，应统筹考虑生态系统功能重要程度、生态系统效应外溢性、是否跨省级行政区和管理效率等因素，国家公园内全民所有自然资源资产分级行使所有权。《建立国家公园体制总体方案》中明确指出，部分国家公园的全民所有自然资源资产的所有权由中央政府直接行使，其他的委托省级政府代理行使。条件成熟时，逐步过渡到国家公园内全民所有自然资源资产的所有权由中央政府直接行使。

4.9 自然资源调查与评价

自然资源调查的目的是摸清国土范围内的自然资源情况，包括各种自然资源的基本特征、总量、空间分布情况。利用自然资源调查结果可对自然资源进行研究、评价、建立档案，为自然资源的保护管理和合理开发利用打下基础。

自然资源评价是按照一定的评价原则或依据，对一个国家或区域的自然资源的数量、质量、地域组合、空间分布、开发利用、治理保护等进行定量或定性的评定。自然资源调查是自然资源评价的基础。

4.10 自然资源产权登记制度

自然资源产权登记制度是指对各种自然资源所有权、使用权及他项权的登记，是国家用来确定权利人享有自然资源所有权、使用权或他项权的一种法律制度。

我国自然资源登记管理体制主要经历了由过去分散、互相牵制、耗能管理向相对集中、互相协调、聚能管理的逐渐转变。我国现行自然资源登记是土地、矿产、海洋等自然资源集中统一由自然资源部门登记，而水、石油、天然气、森林等其他自然资源分部门登记，且实行的是中央与地方分级登记。

4.11 自然资源确权登记

2015 年，中共中央、国务院印发的《生态文明体制改革总体方案》要求，建立统一的确权登记系统，推进确权登记法治化；2016 年《中央全面深化改革领导小组 2016 年工作要点》明确将制定《自然资源统一确权登记办法》作为 2016 年的重点改革事项。《关于建立以国家公园为主体的自然保护地体系的指导意见》提出："推进自然资源资产确权登记。进一步完善自然资源统一确权登记办法，每个自然保护地作为独立的登记单元，清晰界定区域内各类自然资源资产的产权主体，划清各类自然资源资产所有权、使用权的边界，明确各类自然资源资产的种类、面积和权属性质，逐步落实自然保护地内全民所有自然资源资产代行主体与权利内容，非全民所有自然资源资产实行协议管理。”

按照自然资源统一确权登记办法，国家公园可作为独立自然资源登记单元，依法对区域内水流、森林、山岭、草原、荒地、滩涂等所有自然生态空间统一进行确权登记。自然资源统一确权登记制度体系注重以下几个方面的变化：

（1）从维护经济价值到维护生态价值，统一登记的价值目标更加多元。

（2）从部分自然资源拓展到所有生态空间，统一登记的对象更加广泛。

（3）从明确归属到服务监管，统一登记的内容更加全面。

自然资源统一确权登记应坚持资源公有、物权法定，清晰界定全部国土空间各类自然资源资产的产权主体。对水流、森林、山岭、草原、荒地、滩涂等所有自然生态空间统一进行确权登记，划清全民所有和集体所有之间的边界、不同层级政府行使所有权的边界，划清不同集体所有者的边界，实现归属清晰、权责明确。

在组织方式上，自然资源统一确权登记主要由政府组织推动，采取以点带面的方式，稳妥推进。2017 年起国家相继在各试点地区开展水流、森林、山岭、草原、荒地、滩涂及探明储量的矿产资源等全要素的自然资源统一确权登记工作(表 4-1)

表 4-1　自然资源统一确权登记试点

试点地区	试点主要内容
青海三江源等国家公园试点	重点探索以国家公园作为独立的登记单元，开展全要素的自然资源确权登记，并着力解决自然资源跨行政区域登记的问题
甘肃、宁夏	重点探索以湿地作为独立的登记单元，开展湿地统一确权登记

续表

试点地区	试点主要内容
宁夏、甘肃疏勒河流域及陕西渭河、江苏徐州、湖北宜都	重点探索以水流作为独立的登记单元，开展水流确权登记
福建厦门、黑龙江齐齐哈尔	重点探索在不动产登记制度下的自然资源统一确权登记关联路径和方法
福建、贵州、江西等国家生态文明试验区	重点推进自然资源统一确权登记，为生态文明试验区建设奠定基础，并探索国家所有权和代表行使国家所有权登记的途径和方式； 其中，福建、贵州开展探明储量的矿产资源确权登记的路径和方法研究
湖南芷江、浏阳、澧县等县（市）	重点探索个别重要的单项自然资源统一确权登记
黑龙江大兴安岭地区和吉林延边	重点探索国务院确定的国有重点林区自然资源统一确权登记

4.12 自然资源产权交易制度

自然资源产权的市场交易既是自然资源价格的形成基础，又是产权的资源配置功能得以发挥的重要条件。

目前，我国自然资源产权市场尚没有完全脱离公共所有、政府管制的模式，自然资源产权市场运行并未摆脱较强的公权特征，私权交易自然资源产权仅局限于部分领域，整体意义上的自然资源产权市场并未真正发育起来。具体存在以下一些问题：产权归属对象不清晰，虚置现象严重；产权收益流失严重，国家权益未得到有效保护；产权交易偏离市场机制，市场化配置程度低；管理体制不完善，现代产权制度体系尚未建立。

关于自然资源产权交易制度的完善可以从构建统一的自然资源产权交易平台、促进自然资源使用权的流转、建立环境权交易制度、建立自然资源产权交易信息发布制度等方面开展。

4.13 地役权

地役权是指按照合同约定，利用他人的不动产提高自己的不动产效益的权利。他人的不动产为供役地，自己的不动产为需役地。《中华人民共和国物权法》(2007 年)规定，设立地役权，当事人应当采取书面形式订立地役权合同。当事人要求登记的，可以向登记机构申请地役权登记；未经登记，不得对抗善意第三人。供役地权利人应当按照合同约定，允许地役权人利用其土地，不得妨害地役权人行使权利。地役权的期限由当事人约定，但不得超过土地承包经营权、建设用地使用权等用益物权剩余的期限。

专栏 4-2　钱江源国家公园体制试点区地役权改革试点

针对钱江源国家公园体制试点区集体林地占比较大的问题，钱江源国家公园管理局探索通过集体林地地役权改革，在不改变林地权属的基础上，建立科学合理的地役权补偿机制和社区共管机制，推进国家公园范围内自然资源的统一高效管理。

集体林地供役方权利包括：①原住民凭身份证免费在钱江源国家公园允许范围内参观游览；②在同等条件下，原住民有特许经营优先权；③当地产品符合条件并经许可可使用钱江源国家公园品牌标识。义务包括：①严格遵守钱江源国家公园分区管理办法、森林消防管理办法及其他各项国家公园管理规定；②协助国家公园管理人员或科研人员开展调查和日常管理；③对破坏自然资源的行为进行监督，并及时向当地保护站报告。

集体林地需役方权利包括：①拥有国家公园范围内集体林地等自然资源的管理权；②按国家公园建设、管理的法律法规和政策规定实施管控；③开展必要的防护、科研监测等基础设施建设；④根据保护需求对森林、林木和林地实行适当人工干预。义务包括：①开展就业技能培训，促进原住民就业，引导原住民发展生态经济；②提供适当的巡护、管理等生态管护公益岗位；③协助、支持做好社区环境整治提升；④及时公开国家公园相关信息；⑤按合同规定及时支付地役权补偿金。

4.14 自然资源有偿使用制度

全民所有自然资源是指宪法和法律规定属于国家所有的各类自然资源，主要包括国有土地资源、水资源、矿产资源、国有森林资源、国有草原资源、海域海岛资源等。自然资源资产有偿使用制度是指国家以自然资源所有者和管理者的双重身份，为实现所有者权益，保障自然资源的可持续利用，向使用自然资源的单位和个人收取自然资源使用费的制度。对自然资源的无偿使用必须严格遵守法律规定的范围和条件，发挥对自然资源有偿使用制度的有益补充作用。

根据《关于建立以国家公园为主体的自然保护地体系的指导意见》，针对国家公园内自然资源，要创新自然资源使用制度。按照标准科学评估自然资源资产价值和资源利用的生态风险，明确国家公园内自然资源利用方式，规范利用行为，全面实行自然资源有偿使用制度。依法界定各类自然资源资产产权主体的权利和义务，保护原住居民权益，实现各产权主体共建、共享资源收益。

4.15 自然资源资产负债表

自然资源资产负债表实质上是将不同自然资源以资产负债表（账户）的形式来表达自然资源的使用和再生情况。主要包括自然资源资产分类实物量表与综合价值量表两部分。建立自然资源资产负债表，就是要核算自然资源资产的存量及其变动情况，以全面记录当期（期末 期初）自然和各经济主体对自然资源资产的占有、使用、消耗、恢复和增值活动，评估当期自然资源资产实物量和价值量的变化。

国家公园具有丰富的自然资源禀赋，编制自然资源资产负债表，对于掌握国家公园自然资源本底情况，促进自然资源的保值增值具有重要意义。目前，已有三江源、武夷山、钱江源、神农架等国家公园体制试点开展了自然资源资产负债表编制相关工作。

4.16 国土空间用途管制

国土空间用途管制来源于土地用途管制制度，始于19世纪末期西欧和北美，旨在解决城市化快速发展过程中土地利用负外部性和公共用地短缺等问题。

中国共产党第十八届中央委员会第三次全体会议通过的《中共中央关于全面深化改革若干重大问题的决定》，明确“完善自然资源监管体制，统一行使所有国土空间用途管制职责”。中国共产党第十九次全国代表大会报告提出“统一行使所有国土空间用途管制和生态保护修复职责”的要求。2019年11月1日，中共中央办公厅、国务院办公厅印发了《关于在国土空间规划中统筹划定落实三条控制线的指导意见》，旨在贯彻落实最严格的生态环境保护制度、耕地保护制度和节约用地制度，将生态保护红线、永久基本农田、城镇开发边界三条控制线作为调整经济结构、规划产业发展、推进城镇化不可逾越的红线。三条控制线是国土空间用途管制的基本依据。

4.17 自然生态空间用途管控

推进自然生态空间用途管制是健全国土空间用途管制制度的重要内容，是构建国土空间开发保护制度的重要手段。自然生态空间是指具有自然属性、以提供生态产品或生态服务为主导功能的国土空间，涵盖需要保护和合理利用的森林、草原、湿地、河流、湖泊、滩涂、岸线、海洋、荒地、荒漠、戈壁、冰川、高山冻原、无居民海岛等。

自然生态空间用途管制坚持生态优先、区域统筹、分级分类、协同共治的原则，并与生态保护红线制度和自然资源管理体制改革要求相衔接。国家对自然生态空间依法实行区域准入和用途转用许可制度，严格控制各类开发利用活动对自然生态空间的占用和扰动，确保依法保护的自然生态空间面积不减少，生态功能不降低，生态服务保障能力逐渐提高。

自然生态空间的分级管理是指在划定自然生态空间基础上，按照生态功能重要性，区分为生态保护红线和其他生态空间，并对生态保护红线实施更严格的保护。

5 国家公园保护对象

国家公园的主要保护对象如下。

(1)生态系统类：如具有国家代表性、原真性和完整性的生态系统及顶级群落等。

(2)物种多样性类：包括具体的一种或几种珍稀濒危物种及其栖息地，或者园区内所有物种构成的物种多样性。

(3)景观类：包括自然景观和人文景观。

(4)自然遗迹类：包括地质遗迹和古生物遗迹等。

(5)文化遗迹类：包括文物古迹和非物质文化遗产。

5.1 生物多样性

"生物多样性"一词如今已广泛应用于保护生物学的方方面面。原环境保护部印发的《中国生物多样性保护战略与行动计划(2011—2030年)》(环发〔2010〕106号)中，将生物多样性定义为"生物(动物、植物、微生物)与环境形成的生态复合体，以及与此相关的各种生态过程的总和，包括生态系统、物种和基因3个层次。生物多样性是人类赖以生存的条件，是经济社会可持续发展的基础，是生态安全和粮食安全的保障"。

一般认为，生物多样性包括遗传多样性、物种多样性和生态系统多样性3个层次。遗传多样性一般是指物种内的基因变化，包括种内显著不同的种群间的遗传变异，和同一种群内的遗传变异。种内多样性是物种以上水平的多样性的最重要来源。遗传多样性包括分子、细胞和个体3个水平上的遗传变异度，是生物进化的基础。生态系统多样性和物种多样性详见后续内容。一些学者认为景观多样性应纳入生物多样性中，景观多样性通常是指景观在结构、功能及随时间变化方面的多样性，它揭示了景观的复杂性。

5.2 生态系统多样性

生态系统多样性是指生境、生物群落和生态过程的多样性,以及生态系统内生境的差异、生态过程变化的多样性。生境的多样性主要指无机环境的多样性,是生物群落多样性乃至整个生物多样性形成的基本条件。生物群落的多样性主要指群落的组成、结构和动态(包括演替和波动)方面的多样化。生态系统多样性,以及典型的、具备原真性和完整性的生态系统是多数国家公园的重要保护对象。

5.2.1 森林

森林是以多年生木本植物为主的生物群落或生态系统。森林不仅是一个林分或一个木本和草本植物群落,更是一个以各种功能性层次结构为特征的生态系统。地球上的森林主要有4种,即热带雨林、亚热带常绿阔叶林、温带落叶阔叶林及北方针叶林。

热带雨林分布在赤道及赤道两侧区域,终年高温多雨。热带雨林内物种组成极为丰富,群落结构复杂,具有很多藤本和附生植物,其中的乔木具有板状根、裸芽、茎花等特征,无明显的季相交替。热带雨林是目前地球上面积最大、对人类生存环境所起作用最大的森林生态系统。在我国,热带雨林分布于西藏东南、云南南部、广西南部、海南岛及台湾南部,是海南热带雨林国家公园的主要保护对象。

亚热带常绿阔叶林分布在亚热带湿润气候条件下,主要由常绿阔叶树种组成。常绿阔叶林分布区夏季高温多雨,冬季少雨而较为寒冷,四季分明。群落结构较热带雨林简单,具有一定的藤本和附生植物,但少于热带雨林。我国的常绿阔叶林是地球上面积最大、发育最好的一片,广布于我国南方,但由于其分布地区长期有人类活动,原生的常绿阔叶林仅残存于山地,极具保护价值。在我国的10个国家公园体制试点区中,钱江源、武夷山、南山、神农架、香格里拉普达措和大熊猫国家公园的森林即属于常绿阔叶林,并且是这些国家公园的主要保护对象。

温带落叶阔叶林分布于中纬度湿润地区,由于冬季寒冷,树木仅在暖季生长。这类森林一般分为乔木层、灌木层和草本层,成层结构明显,乔木层组成较为单纯。我国北方的森林主要为此类,但由于长期的农业开垦，原生的落叶阔叶林所剩极少。在我国的国家公园体制试点中，祁连山国家公园内有此类森林。东北虎豹及祁连山国家公园内的针阔叶混交林是介于落叶阔叶林与北方针叶林之间的一种森林类型。

北方针叶林（泰加林）分布在北半球高纬度地区，该类森林地处寒温带，种类组成较为贫乏，乔木主要为松、云杉、冷杉等针叶树，林下灌木层稀疏，由草本植物和各种藓类组成的地被层很发达。在我国，典型的北方针叶林主要分布在大兴安岭北部和阿尔泰山北坡。

5.2.2 草地

草地是指以草本植物构成的群落或生态系统，主要分布于干旱、半干旱至半湿润气候条件下，可以分为草原和草甸 2 个大类。草原由耐旱的多年生草本植物组成，草甸由喜湿润的中生草本植物组成。我国草地分布面积大而广，主要分布于西北地区和青藏高原，从东北向西南主要可分为中温草原、暖温草原和高寒草原 3 个植被地带，从东向西则依次是森林草原、典型草原和荒漠草原。

中温草原地带主要包括我国东北松嫩平原和内蒙古高原的主体部分，其主体为典型生态草原区，东部为森林草原区，西部分布有荒漠草原生态区。暖温草原地带包括黄土高原及鄂尔多斯高原的大部。高寒草原地带占据青藏高原的大部，主要包括高寒草原、高寒草甸和高寒荒漠草原 3 类（图 5-1、图 5-2）。

图 5-1 高寒荒漠草原生态系统

图 5-2 高寒草甸生态系统

在我国的国家公园体制试点中，祁连山和三江源国家公园处在高寒草原地带，而高寒草原和高寒草甸更是三江源国家公园内最主要的生态系统，面积大、分布广，支持着藏羚等多种珍稀濒危有蹄类物种生存，也是园区的主要保护对象之一。

5.2.3 荒漠

荒漠是指气候干旱、降水稀少、蒸发量大的地区形成的，以稀疏的、超旱生的灌木、半灌木和小乔木占优势的生态系统。该类生态系统植被极为稀疏，地上部分不能郁闭，初级生产力低，物质循环规模小，物种多样性低。生活在荒漠的植物主要有 3 种生活型：叶片小而根系发达的荒漠灌木及半灌木，景天酸代谢类型的肉质植物，以及短命植物和类短命植物。在我国的国家公园体制试点中，三江源和祁连山国家公园内分布有荒漠生态系统（图 5-3）。

5.2.4 湿地

湿地是指水体与陆地相互作用形成的生态系统。各国学者对湿地给出了不同的解释，尚无统一的定义。目前国际上最为通用的湿地定义是 1971 年在《湿地公约》中提出的，即“湿地是指天然或人工、永久或暂时性的沼泽地、湿原、泥炭地或水域地带，蓄有或静止或流动，或为淡水、半咸水或咸水水体，包括低潮时水深不超过 6 米的海域”。该定义是一种广义上的湿地定义，将地球陆地上所有的水体、被水饱和浸渍的土地和

图 5-3　高寒荒漠生态系统

受潮汐影响的沿海地带都划入了湿地的范畴，利于管理者划定湿地的边界，建立流域的联系。我国作为《湿地公约》的缔约方，采用此湿地定义。

根据原国家林业局发布的《全国湿地资源调查技术规程（试行）》（林湿发〔2008〕265 号），我国的湿地主要分为属于自然湿地的近海与海岸湿地、河流湿地、湖泊湿地、沼泽湿地，以及人工湿地共 5 类、37 型（图 5-4、图 5-5、图 5-6、图 5-7）。

图 5-4　沼泽草甸生态系统

图 5-5 神农架国家公园内的大九湖湿地生态系统

图 5-6 河流湿地生态系统

图 5-7 沿海滩涂

湿地具有涵养水源、调蓄洪水、调节气候、控制侵蚀、净化水质、汇碳释氧，以及支持着复杂的植物群落和众多的动物物种生存的重要生态功能，被誉为“地球之肾”。由于湿地重要的生态功能和支持着丰富的生物多样性，各国家公园通常会把园区内的湿地作为保护对象。在我国的国家公园体制试点中，被誉为“中华水塔”的三江源国家公园河湖纵横，是长江、黄河和澜沧江的发源地，生态意义重大，而园区内广布的高寒湿地生态系统就是其主要的保护对象之一。此外，钱江源、武夷山和祁连山国家公园作为河流的发源地，也将湿地作为主要保护对象。神农架国家公园内的大九湖泥炭藓湿地、南山国家公园内的十万古田湿地、香格里拉普达措国家公园内的属都湖和碧塔海两大湖泊湿地也是这些国家公园的重点保护对象。

5.2.5 冰川

冰川是寒冷地区多年降雪积累、变质而形成的自然冰体。冰川是我国西部干旱区重要的水资源，冰川融水对河流尤其是干旱区山地河流的补给及缓解水资源危机具有重要作用，因此冰川具有重要的生态系统服务功能，对维系干旱区脆弱的生态平衡具有重要的意义。冰川形成历时长、生态服务功能巨大，但较为脆弱，在全球气候变化的背景下正在逐渐退缩，急需加强保护（图 5-8）。

图 5-8　梅里雪山的明永冰川

在我国的国家公园体制试点中，三江源和祁连山国家公园内分布有冰川，并且是这两个国家公园的重要保护对象。祁连山国家公园的冰川是黑河、石羊河、疏勒河三大内陆河水系的水源地，滋养着河西走廊和柴达木盆地北缘的绿洲，是补给着黄河和青海湖的水源。三江源国家公园的冰川是长江、黄河、澜沧江的重要水源地(图 5-9)。

图 5-9　来古冰川

5.2.6　海洋

海洋生态系统是海洋生物及非生物海洋环境在一定时空范围内组成的具有一定结构和功能的统一整体，是地球上面积最大、综合生产力最大的生态系统。海洋生态系统主要可分为河口生态系统、浅海生态系统和大洋生态系统。河口生态系统是地球上陆海两类生态系统的交替区，是海水和淡水的混合交汇处，也可被认为是湿地生态系统的一类，栖息着种类丰富的广盐性底栖生物、洄游性鱼类和滨海鸟类。浅海生态系统是介于海滨低潮带以下的潮下带至深度 200 米左右的大陆架边缘之间，盐度和温度较为多变，有丰富的底栖生物、浮游生物、游泳生物种类，包括海鸟、海龟和海豹等。大洋生态系统包括大洋表层、深海海域和海底，面积广阔，光合作用生物仅分布在表层约 200 米深度的透光层内，深海区域没有初级生产力，各种深海生物都具有对黑暗、高压的适应能力，在海底热泉周围还有独特的深海热泉生物群落。

海洋生态系统维持着极高的物种多样性，影响着地区的气候，具有重要的生态服务功能。加拿大、澳大利亚、日本等国家皆设立有海洋类型的国家公园，我国尚未有海洋类型的国家公园体制试点，但已经建立有多种海洋类型的保护地(图 5-10)。

图 5-10　海洋生态系统

5.3　物种多样性

物种多样性是指一定空间内各种生物物种的丰富性，包括一定区域内生物区系的状况、形成、演化、分布格局及维持机制等。物种多样性是生物多样性最基础、最关键的层次，是衡量生物多样性的主要依据。

5.3.1　生境/栖息地

生境是指动植物的个体或种群的天然栖息场所，是动植物个体或种群在其生长、发育和分布的地段上各种生态因子的总和。生境的空间尺度相对较小，特指使一个物种得以生存、繁衍的资源、环境条件和空间。野生动物的生境又称为栖息地。每个物种都有其特定的生境，保护物种的生境对于保护物种至关重要。

5.3.2　分布区

物种的分布区是指某种生物所占据的地理空间，在此空间内，该物种能充分地进行个体发育和繁殖后代。分布区是一个生物地理学上的概念，在比生境更大的尺度上表示一个物种占据的空间范围。在物种的分布区内，物种并非可以存在于所有的空间，而是只能生活在适宜的生境中。

5.3.3 潜在分布区

潜在分布区是指某一物种可以生存和分布，但由于阻隔等原因而尚未分布的地区。物种的潜在分布区可以通过物种分布模型模拟，常用的物种分布模型有最大熵（maximum entropy，MaxEnt）模型、随机森林（random forest，RF）模型等。运用物种分布模型，可预测物种的扩散、预测物种在气候等环境条件变化下的潜在分布区，从而为物种的就地保护及濒危物种的重引入提供依据。

5.3.4 稀有种

稀有种是指分布范围狭窄且种群数量很少的物种，其具体濒危程度和保护等级在《中国生物多样性红色名录》《中国国家重点保护野生动物名录》和《濒危野生动植物种国际贸易公约》（Convention on International Trade in Endangered Species of Wild Fauna and Flora，CITES）附录中进行了详细划分。

5.3.5 特有种

特有种是指由于地质历史或生态环境变化的作用，仅分布于某个特定地区，在其他地区没有自然分布的物种。特有种不一定是稀有种，但因为其地方特有性，在保护时需要加以重视（图 5-11）。

图 5-11 滇金丝猴（滇金丝猴既是中国特有种，同时也是滇西北地区的旗舰种和伞护种）

5.3.6 伞护种

伞护种是指一个物种的生境需求能涵盖其他物种的生境需求，对该物种的保护可以达到为其他物种提供保护伞的效果。伞护种的生境需求应综合其他物种生境需求信息，与同领域其他物种相比，应具有更大的领域面积。

5.3.7 旗舰种

旗舰种是指生活在特定生境、具有特殊的保护价值，并能够吸引公众关注的物种。通过关注旗舰种的保护需求，可以保护大面积的生境，同时保护其他物种和生态系统。旗舰种很多时候也同时是伞护种。旗舰种最典型的例子为大熊猫(图 5-12)。大熊猫为我国特有、世界知名的物种，对大熊猫国家公园的建设，可以在保护大熊猫一个旗舰物种的同时，保护其栖息地范围内的生态系统和生物多样性，并借助大熊猫的影响力，让国家公园的理念及其保护工作得到更好的宣传。东北虎豹国家公园对东北虎、东北豹保护也起到了同样的效果。

图 5-12 旗舰种大熊猫(也是特有种)

5.3.8 残遗种(孑遗种)

残遗种又称孑遗种，是指在地质历史上分布区广大，但现在只分布在孤立狭窄的地域或零散分布的物种，通常被称为“活化石”。残遗种对于研究物种的演化具有重要意义。银杏、珙桐(图 5-13)、大熊猫都是知名的残遗种。由于残遗种具有很高的科研价值且分布区通常较为狭窄，国家公园往往将其作为重点保护物种。

5.3.9 濒危物种红色名录

《濒危物种红色名录》是由世界自然保护联盟组织编制的一份衡量全球物种生存和受威胁状况的清单，将物种的濒危级别根据濒危程度划分为灭绝(EX)、野外灭绝(EW)、极危(CR)、濒危(EN)、易危(VU)、近危(NT)和无危(LC)7 级。其中，极危、濒危和易危又统称为受威胁。该名录于 1963 年开始编制，每年进行更新，是全球动植物物种保护现状最全面的名录，也被认为是生物多样性状况最具权威的指标。对于物种濒危等级的调整和受威胁级别的列入，世界自然保护联盟有一套严格的评估标准。

图 5-13 珙桐(第三纪古热带植物区系的残遗种)

5.3.10　中国生物多样性红色名录

为贯彻落实国务院批准发布的《中国生物多样性保护战略与行动计划(2011—2030 年)》(环发〔2010〕106 号),加强生物多样性保护,原环境保护部和中国科学院联合编制了《中国生物多样性红色名录——高等植物卷》《中国生物多样性红色名录——脊椎动物卷》和《中国生物多样性红色名录——大型真菌卷》,分别在 2013 年 9 月、2015 年 5 月和 2018 年 5 月发布。

编制《中国生物多样性红色名录》是对我国已知野生动植物物种的一次全面系统的评估,汇集了全国 500 多位相关领域的专家,是迄今为止对象最广、信息最全、参与专家人数最多的一次评估。评估结果显示,我国 34 450 种高等植物中,属于灭绝等级的有 52 种;受威胁的物种 3 767 种,占评估物种总数的 10.9%;特有物种 17 700 种,受威胁率为 13.9%。除海洋鱼类外的 4 357 种脊椎动物中,属于灭绝等级的有 17 种;受威胁的有 932 种,占评估物种总数的 21.4%;特有物种 1 598 种,受威胁率为 30.6%。大型真菌中,受威胁的物种共 97 种,占被评估物种总数的 1.04%。

5.3.11　中国国家重点保护物种

《国家重点保护野生动物名录》为《中华人民共和国野生动物保护法》(1988 年第七届全国人民代表大会常务委员会第四次会议通过,2018 年 10 月最新修订)的配套文件,由原林业部和原农业部共同拟定,包括国家Ⅰ级重点保护动物 96 种或类群,国家Ⅱ级重点保护野生动物 160 种或类群。名录制定时综合考虑了动物的濒危程度、价值和贸易情况等,该名录具有法律效力。

《中国国家重点保护野生植物名录(第一批)》由原国家林业局和原农业部发布,该名录为《中华人民共和国野生植物保护条例》(1996 年国务院令第 204 号,2017 年 10 月最新修订)的配套文件,共列植物 419 种和 13 类(指种以上分类等级),其中Ⅰ级保护的 67 种和 4 类、Ⅱ级保护的 352 种和 9 类。受国家重点保护的野生植物约有 1 700 种。名录中选列的植物物种有 4 条标准:数量极少、分布范围极窄的濒危种;具有重要经济、科研、文化价值的濒危种和稀有种;重要作物的野生种群和有遗传价值的近缘种；有重要经济价值，因过度开发利用，资源急剧减少的物种。

5.4 景 观

景观是指某地或某种类型的景色，是人类和自然与事物之间形成的所有可视现象，在地理学中是指地球表面各种地理现象的自然综合体。景观主要可以分为自然景观与人文景观。在不同的地理、气候和文化环境下，景观呈现出巨大的差异，往往具有地区特色。对于国家公园来说，景观既是重要的保护对象，也是旅游吸引力的最主要来源之一。在国家公园进行规划建设时，需要注意保护景观，避免建筑物破坏景观的完整性。

5.4.1 自然景观

自然景观是指自然界中未受或者较少受人类干扰的原本景观。在旅游学中，自然景观是指具有一定美学、科学价值并具有旅游吸引功能和游览观赏价值的自然旅游资源所构成的自然风光景象，即大自然自身形成的自然风景。由于气候和地理条件的差异，不同地区的自然景观往往各具特色。

我国的国家公园试点都具有壮丽的自然景观(图 5-14)，如三江源国家公园内由巍峨的雪山、广袤的荒原和交织如辫的河流组成的高原自然景观，钱江源国家公园内由清澈的溪流、茂密的林地和云雾中的青山组成的亚热带自然景观等。

5.4.2 人文景观

人文景观是指人类为了满足某种需要，利用自然界所能提供的材料，在自然景观的基础上，叠加上人类活动的结果而形成的景观。人文景观产生于人与自然环境之间长期持续的相互作用。

在我国的国家公园体制试点中，三江源国家公园内的玛尼堆和经幡、钱江源国家公园内的古村落等即为各具特色的人文景观(图 5-15、图 5-16、图 5-17、图 5-18)。

图 5-14　祁连山国家公园内的雪山

图 5-15　藏民信仰的经幡

图 5-16　玛尼石

图 5-17 钱江源高田坑古村落

图 5-18 神农架国家公园的神农坛

5.5 自然遗迹

自然遗迹是指自然界在其发展过程中天然形成并遗留下来的，在科学、文化、艺术和观赏等方面具有突出价值的自然产物。自然遗迹是国家公园的主要保护对象之一，主要包括地质遗迹和古生物遗迹。

5.5.1 地质遗迹

地质遗迹是在地球形成和演化的漫长地质历史时期，受各种内外动力作用而形成并遗留的自然产物，可分为标准地质剖面、地质构造形迹、典型地质与地貌景观、地质灾害遗迹等。在我国的国家公园体制试点中，武夷山国家公园的丹霞地貌、神农架国家公园的叠层石和第四纪冰川地貌即属于地质遗迹，也是这两个国家公园的重点保护对象。

5.5.2 古生物遗迹

古生物遗迹是指在不同地质历史时期形成的古生物化石，包括保存在地层中的生物遗体或其活动痕迹，如古人类化石、古脊椎动物化石、古植物化石、古微生物化石，以及反映古人类和古生物活动的遗迹化石等。

5.6 历史文化

5.6.1 文物古迹

文物古迹是指人类在历史上创造或遗留的具有价值、不可移动的实物遗存，包括古文化遗址、古墓葬、古建筑、石窟寺、石刻、近现代史迹及代表性建筑，以及历史文化名城、名镇、名村和其中的附属文物。文物古迹既包括各级文物保护单位，也包括经文物普查确定为文物的对象，其必须是实物遗存，具有历史、地点、年代的要素。

在我国的国家公园体制试点中，武夷山国家公园内的摩崖石刻等即属于文物古迹，在进行旅游开发时应注意保护。

5.6.2 非物质文化遗产

非物质文化遗产指被各社区、群体，有时是个人，视为其文化遗产组成部分的各种社会实践、观念表述、表现形式、知识、技能及相关的工具、实物、手工艺品和文化场所。各个群体和团体随着其所处环境、与自然界的相互关系和历史条件的变化不断使这种代代相传的非物质文化遗产得到创新，同时使他们自己具有一种认同感和历史感，从而促进了文化多样性和人类的创造力。

在我国的国家公园体制试点中，三江源国家公园内流传的藏族《格萨尔》史诗即被联合国教育、科学及文化组织列入《非物质文化遗产名录》。一些与生态保护相关的非物质文化遗产，如三江源国家公园内与自然生态息息相关的藏族传统游牧文化，还有钱江源国家公园内平坑保苗节、禁山节、禁渔节等传统节日，蕴含着当地居民朴素的生态保护观。保护好非物质文化遗产，既是对文化的传承，同时也可以为国家公园旅游带来吸引力。

6 国家公园生态影响干扰因素

6.1 干 扰

干扰是自然界中无时无处不在的一种现象，直接影响着生态系统的演变过程。各种类型的干扰是自然生态系统演替过程中一个重要的组成部分。许多植物群体和物种与干扰具有密切关系，尤其在自然更新方面具有不可替代的作用。

干扰的作用具有双重性：它既是生态系统内的一种建设性生态过程，具有维持系统稳定的作用；同时也是一种破坏性过程，使系统内的某些成分和格局发生变化。

根据不同原则，干扰可以分为不同类型（表 6-1）。

表 6-1 干扰的分类

分类方法	分类类型	说明
干扰产生的来源	自然干扰	无人为活动介入、在自然环境条件下发生的干扰，如火、风暴、火山爆发、地壳运动、洪水泛滥、病虫害等
	人为干扰	在人类有目的行为指导下，对自然进行的改造或生态建设，如烧荒种地、砍伐森林、放牧、农田施肥、修建大坝、建设道路、改变土地利用结构等
干扰的功能	内部干扰	在相对静止的长时间内发生的小规模干扰，对生态系统演替起到重要作用
	外部干扰	短期内的大规模干扰，打破了自然生态系统的演替过程，如火灾、风暴、砍伐等
干扰的机制	物理干扰	如森林退化引起的局部气候变化，以及土地覆被减少引起的土壤侵蚀、土地沙漠化等
	化学干扰	如土地污染、水体污染及大气污染引起的酸雨等
	生物干扰	主要由病虫害爆发、外来种入侵等引起的生态平衡失调和破坏

续表

分类方法	分类类型	说明
干扰的传播特征	局部干扰	仅在同一生态系统内部扩散
	跨边界干扰	可以跨越生态系统边界扩散到其他类型

6.2 气候变化

气候变化是指长时期内气候状态的变化。通常用不同时期的温度和降水等气候要素的统计量差异来反映。联合国大会于1992年通过《联合国气候变化框架公约》，旨在应对全球气候变暖给人类经济和社会带来的不利影响，也是国际社会在应对全球气候变化问题上进行国际合作的一个基本框架。

气候变化的原因可能是自然的内部进程，或是外部强迫等。既有自然因素，也有人为因素。人为因素，主要是由于工业革命以来人类活动，特别是发达国家工业化过程的经济活动引起的。化石燃料燃烧和毁林、土地利用变化等人类活动所排放的温室气体导致大气温室气体浓度大幅增加，温室效应增强，从而引起全球气候变暖。气候变化负面影响包括灾害性极端气候事件频发、冰川和积雪融化加速、水资源分布失衡、生物多样性受到威胁等。以三江源为例，由于气候变暖的影响，位于黄河源头的阿尼玛卿雪山的冰川近年来不断融化，还出现过冰川融化导致的雪崩。

6.3 火干扰

火是一种自然界中最常见的干扰类型，它对生态环境的影响早已为人们所关注。一些研究表明火（如草原火、森林火）可以促进或保持较高的第一生产力。北美的研究发现火干扰提高生物生产力的机制在于消除了地表积聚的枯枝落叶层，改变了区域小气候、土壤结构与养分。同时，火干扰在一定程度上可以影响物种的结构和多样性，这主要取决于不同物种对火干扰的敏感程度（图6-1）。

专栏 6-1　美国国家公园林火管理的演变
——以巨杉·圣王谷国家公园为例

自 1872 年美国国家公园成立以来，林火便是国家公园管理工作的重点。随着对生态学理论认识的加深，美国国家公园林火管理方式大概经历了控制到计划，再到利用的转变过程。

19 世纪末，在资源保护主义生态观（resourcism）的影响下，林火控制的方式塑造着国家公园初期的生态景观；国家公园生态景观的变迁和一系列问题的出现，促使计划火烧（prescribed burning）的林火管理方式在园内出现。长达半个多世纪"颇具成效"的有火必扑管理方式，给巨杉·圣王谷国家公园带来巨大的生态问题和景观变化。一方面，巨杉幼苗的破土和发育极其困难；另一方面，原本周期性的自然林火几近消失，巨杉林地面的落叶可燃物大量堆积且树下灌木丛成方连片，这为爆发破坏性火灾提供了有利条件。

20 世纪 60 年代，生态观念的进步和生态景观危机的出现共同推动了美国《国家公园野生动植物管理》即《利奥波德报告》（Leopold Report）的出台。报告首次将林火管理纳入国家公园野生动植物管理之中，并且建议应该用林火利用来代替林火控制，以恢复国家公园生态系统的原始性和完整性，因此成为国家公园林火管理方式开始转型的标志。报告认为在各种控制植被的方法之中，适当的放火行为是最为"自然"、廉价和简单的。由于几十年来美国国家公园管理局一贯采取保护植被免遭山火破坏的政策，导致国家公园内生态系统发生紊乱，而模拟大自然野火的火烧行为，能够有效起到调节生物链的作用。

20 世纪 70 年代以来，在诸多生态科学家的参与及自然保护主义生态观的影响下，美国开始以计划火烧和"让它烧"（let burn）为主的林火利用管理方式重塑国家公园的生态景观。这种林火利用管理方式除了能够减少大型火灾发生的概率，更重要的是形成以巨杉火生态为代表的理论基础。首先，林火能够帮助巨杉的球果完成播种，并让有利于巨杉幼苗发育的矿质土暴露于地面，且通过燃烧地面的松柏类堆积物使幼苗所需的营养物质重新回到土壤之中，同时也使得浓密的树冠能够形成空隙为幼苗提供阳光的照射。其次，自然林火的周期性运作足以削减那些与巨杉生长竞争营养物质的白冷杉（white fir）和翠柏（incense cedar）等植被。最后，由于巨杉表层的特殊结构，一定频率和程度的林火不但不会对巨杉树干造成破坏，反而能够烧死危害巨杉健康的大木蚁（giant carpenter ant），减少寄居于树干中的蚂蚁巢穴数量，从而起到改善巨杉生态和国家公园景观的生态和经济双重作用。

从林火管理方式演化的历程来看，从控制到利用的林火管理方式与国家公园生态景观一直处于相互塑造的协同演化之中，其内在机理在于巨杉生态学和林火生态学的发展及其对国家公园管理影响的深入，以及人们看待自然环境方式的变化。如果将考察范围扩大至整个美国国家公园体系，那么我们会发现林火管理、生态景观、生态科学和生态观念四者间的协同演化。

图 6-1 美国落基山国家公园的火烧计划

6.4 地壳运动

地壳运动(如地震、火山爆发等)是一种低频度的大型自然干扰方式,由于发生突然,且破坏性极大,被认为是破坏人类社会系统最严重的自然灾害之一。在全球范围内,自然保护地是地壳运动高发区域,而且发生的频率和规模均呈现增加的趋势。例如,大熊猫的主要分布区岷山和邛崃山系位于逆冲推覆构造断裂带上,地震及其引发的次生地质灾害(如崩塌、滑坡、泥石流)对大熊猫栖息地产生周期性的干扰,是大熊猫栖息地一种重要的自然干扰方式。

6.5 气象灾害

气象灾害是指大气对生态系统造成的直接或间接损害,是自然灾害中最为频繁和严重的灾害。气象灾害一般包括天气、气候灾害和气象次生、衍生灾害,涉及种类达 20 余种,如暴雨、强风、干旱、雪灾(图 6-2)等。

雪灾是三江源国家公园面临的主要气象灾害之一,持续的降雪和低温天气,使得草原长期被冰雪覆盖,草原畜牧业遭受大面积雪灾,导致牧户牛羊大量死亡。同时,雪灾还导致草原上的各类野生保护动物被冻死、饿死,其中很多都是藏羚羊、白唇鹿、野牦牛、藏野驴等国家一、二级保护动物。

强风是空间上具有异质性、多尺度的干扰动力,而这种自然干扰力量影响了森林的结构、多样性和某些生态系统过程。长白山自然保护区的森林多为成熟林和过熟林,随着林木增高,树冠增大,生理衰老和抗御病虫害能力的降低,导致抗风能力不断降低,均以风倒、风折和立枯状态结束自身的生命周期。就拿风倒木来说,由于具有稳定适中的水分条件而有利于种子萌发并促进菌根发育、幼树存活。

图 6-2 西藏林芝地区的大雪

6.6 生物灾害

近年来，生物灾害一词作为学术术语开始广泛使用，它是指包括动物、植物或微生物等在内的各种生物对人类生态健康和生存环境所产生的损害，可分为农业、林业、园艺、水产等行业的生物灾害。

以鼠兔害为例，鼠兔害是三江源国家公园典型的生物灾害类型之一。鼠兔害不仅与家畜争夺优良牧草，降低草地载畜量，而且常年打洞造穴，挖掘草根，推出地表土丘，破坏草皮，造成塌陷和水土流失。此外，还造成草地劣化变质，地表土层破坏，砾石裸露形成次生裸地（图 6-3）。

人类在进行生物灾害防治的漫长过程中，逐渐懂得了有害生物的有害性不是绝对的道理，管理理论由"斗争"逐渐转变为科学管理，管理策略逐步完善，正走出一条由有害生物的单一防治到综合防治，由综合防治再到灾害管理的发展历程。

图 6-3　鼠兔打洞对草皮进行的破坏

6.7　土壤施肥干扰

土壤施肥是指对土壤中养分或化学成分的改变，如化肥和农药的施用。化肥和农药施用除了在一定程度上可以导致淡水水体的富营养化外，还会促进某些物种的快速生长，导致其他物种的灭绝，往往造成物种丰富度急剧减少。土壤施肥对于本身养分比较贫缺的地区而言影响尤为突出，更有利于外来物种的入侵。这种干扰与放牧、割草相反，可以增加土壤中的养分，而放牧和割草常常是带走土壤中的养分，导致土壤养分匮乏。

6.8 放 牧

有人类历史以来，放牧就成为一种重要的人为干扰。放牧不仅可以直接改变草地的形态特征，而且还可以改变草地的生产力和草种结构。研究发现，放牧对于那些放牧历史较短的草地来说是一种严重干扰，这是因为原来的草种组成尚未适应放牧这种过程。而对于已有较长放牧历史的草地，放牧已经不再成为干扰，因为这种草地的物种已经适应了放牧行为，对放牧这种干扰具有较强的适应能力，进一步的放牧不会对草地生态系统造成影响。一些研究发现适度的放牧可以使草地保持较高的物种多样性，促进草地景观物质和养分的良性循环，因此放牧也可以作为一种管理草地、提高物种多样性和草地生产力的有效手段。

以三江源国家公园体制试点为例，为有效保护以高寒草甸为代表的草地生态系统，防止放牧对草地生态系统造成的不利影响，在传统利用区内专门设置了划区轮牧区，对农牧民的放牧进行了合理限制（图 6-4）。

图 6-4　三江源国家公园牧民放牧

6.9 狩猎

狩猎对野生动物种群动态的影响一般直观地反映在动物种群数量、性比、出生率和死亡率的变化上。这种影响可以分为对目标动物种群动态的影响与对同区非目标动物种群动态的影响。

狩猎作为一个外界的干扰因素，在一定程度上改变了动物原有的生活环境，而动物为了适应新的外界刺激势必会在行为上产生变化。东北虎、东北豹在我国东北地区曾大面积分布，但由于人类活动加剧，特别是违法狩猎活动猖獗，导致其栖息地生境范围逐渐缩小，到 20 世纪 90 年代，野生东北虎、东北豹在东北地区基本销声匿迹。此后，随着生态环境的改善和保护措施的加强，东北虎、东北豹重新回归到这片故土，并且数量呈现稳定上升的趋势。2017 年，随着东北虎豹国家公园体制试点的设立，从国家层面进一步促进了东北虎、东北豹的保护。

在自然选择下，形态、生理更适应生存的个体将被保留下来。而狩猎作为一种人工选择，更多的是依据狩猎人的喜好、审美、猎物用途来选择被猎取个体。在这种人为干扰下所选择的基因和表型不一定是最优形式，持久、高强度的狩猎会不可避免地对动物的基因及表型造成影响。

6.10 生产建设活动

国家公园的首要功能是实现自然生态系统的原真性、完整性保护。《关于建立以国家公园为主体的自然保护地体系的指导意见》提出核心保护区内禁止人为活动，一般控制区内限制人为活动。但由于过去管理不严、历史遗留问题，存在工矿、水电、旅游等违法违规活动，对自然生态系统造成了严重破坏，影响了其生态系统服务功能的发挥。根据我国现行法律法规，国家公园等自然保护地内禁止非法开矿、筑坝、修路、建设等生态破坏行为。

6.11 生物入侵

生物入侵是指某种生物从原来的分布区域扩展到新的遥远地区，在新的区域内，其后代可以繁殖、生存和扩散。生物入侵对所侵入的生态系统是非常严重的威胁，导致一些当地物种数量锐减甚至消失，打破原有的生态平衡，威胁生态系统的稳态，破坏生态系统的原真性和完整性，损害当地生物多样性，并且会带来巨大的经济损失，如入侵我国的水葫芦、紫茎泽兰、美国白蛾等。

6.11.1 本地物种

本地物种又称原生种或土著种，是指分布在原分布区的物种，是一个自然生态系统中原本存在的成员。由于地理和气候等因素限制，物种被限制在一定的分布区内生存、繁殖，难以逾越一些自然的屏障。物种本身会扩散，但多数物种在自然情况下扩散的速度很慢。本地物种是生物多样性的组成部分，是国家公园的保护对象(图 6-5)。

图 6-5　三江源国家公园的本地物种——藏羚羊

6.11.2 外来物种

外来物种是指出现在其过去或限制的自然分布范围及扩散能力之

外的物种或亚种等种下的分类单元，包括所有可能存活继而繁殖的部分、配子或繁殖体。外来物种可以分为3类：有意引进的物种、无意引进的物种和通过基因工程等制造的人造物种。不是所有的外来物种都能成为入侵物种，但作为以就地保护为目标的国家公园，应当慎重对待外来物种，切不可以观赏或者经济等目的随意引入外来物种，并且需要谨慎对待保护物种重引入问题，因为人为引入人工培育种或外来的亚种，会干扰物种的自然进化过程，影响生态系统的原真性。

6.11.3 入侵物种

入侵物种是指在侵入地迅速发展繁衍，建立了庞大的种群并向周围扩散，对侵入地的生态系统造成较大影响的外来物种。入侵物种是造成生物入侵现象的主体，是具有入侵性的外来物种。入侵物种往往具有较强的繁殖力，在侵入地常常缺少捕食者、竞争者和病原体等控制因素，因而快速扩大。有些入侵物种具有较宽的生态幅，可以占据本地物种未利用的生态位，或者较本地物种竞争力强，而有些入侵物种则对特定的生态位有较强的占据能力。在国家公园中，对入侵物种应加强监测，及时清除入侵物种，以防其影响生物多样性保护。

6.11.4 生物安全

联合国粮食及农业组织将生物安全定义为“控制食品安全、动植物健康及环境领域风险的战略和政策法规体系。它包括动植物病虫害和寄生虫病的引入风险管理、遗传改性生物(及其产品的引进和释放)、生物入侵种及基因型的风险管理。生物安全是与农业可持续发展、食品安全、环境保护(包括生物多样性)直接相关的一个综合性概念”。威胁生物安全的风险主要来自于3个方面，也是生物安全关注的3个主要问题。

(1)入侵物种的生态危害：入侵物种可以通过竞争、捕食、杂交等挤占本地物种的生态位，加速本地物种的消失，降低生物多样性，损害生态系统及其功能，使农林牧渔业遭受经济损失。

(2)转基因生物的潜在风险：转基因生物的安全性目前尚在争论中。该类生物若通过与近缘种杂交等方式将所具有的外源基因传递到本地物种的基因组中，可能会对本地物种种群的基因组成造成影响；此外，其基因表达产物可能会影响到生态系统中的非标靶生物。

(3)微生物的环境安全性：科研机构储存的高致病性病原体等微生物一旦保管不善，流出实验室，会对人类健康造成威胁；此外，基因工程微生物也具有潜在的生态风险。

6.12 生境破碎化

生境破碎化是指一个大面积连续的生境，变成很多总面积较小的小斑块，斑块之间被与过去不同的背景基质所隔离，包围着生境片段的景观对原有生境的物种并不适合，物种不易在斑块之间扩散，残存的斑块可以看作“生境的岛屿”。生境破碎化既包括由生境斑块构成的空间格局，也包括产生这种空间格局的过程。最常见的造成生境破碎化的原因是道路的修建。减缓生境破碎化的主要措施有拆除造成阻隔的设施、修建廊道等。

生境破碎化一般有两个方面的表现。

(1)形态上的破碎化：一方面随着人类活动的增强而导致景观中破碎生境地的增加，其结果是适宜于生物生存的栖息地面积急剧减小，在一定程度上降低了栖息地保护物种的生态功能；另一方面随着斑块形状(栖息地)的复杂化(破碎化)，导致斑块边缘效应的增强，使自然栖息地核心区面积减少，在极大程度上减弱了栖息地保护生物多样性的功能。

(2)生态功能上的破碎化：指栖息地(斑块)内部生境的破碎化，主要是由于气候条件、人为活动的影响而造成栖息地内部生态环境质量的下降，或由于自然环境因子在空间组合上的不匹配而导致生境适宜性的降低或在空间分布上的破碎化。

在国家公园管理过程中，应加强防范生境破碎化，同时采取有效措施，对受损的生境进行恢复与重建，使恶化状态得到改善。

7 生态环境保护

7.1 生态系统管理

生态系统管理是在对生态系统组成、结构和功能过程加以充分理解的基础上，制定适应性的管理策略，以恢复或维持生态系统整体性和可持续性。

生态系统管理是属于学科交叉的研究领域。它包括生态系统和管理两个重要概念的集合。一方面，生态系统管理必须要有明确的目标，它是由决策者最后确定的，但同时又具有可适应性，即可以根据实际情况进行修改；另一方面，生态系统管理是通过制定政策、签订各种协议和具体的实践活动而实施的。

生态系统管理的基础是要求人类对于生态系统中各成分间的相互作用和各种生态过程有准确的理解。在充分地了解生态系统结构和功能的基础上，根据这些规律性和社会情况来制定政策法令和选择各种措施，从而把生态系统管理好。生态系统管理的途径和技术包括生态风险评估、适度干扰与恢复重建、建立自然保护地、生态系统管理政策标准制定等不同方面。

7.2 生境管理

生境管理最早是指对野生生物生境进行的人工管理，以利于野生生物种群的生存和繁衍。生境管理又称栖息地管理。《中华人民共和国野生动物保护法》(1988 年第七届全国人民代表大会常务委员会第四次会议通过，2018 年 10 月最新修订）于 2016 年修订时首次提出了保护野生动物栖息地。“国家保护野生动物及其栖息地”，禁止任何单位和个人“违法猎捕野生动物、破坏野生动物栖息地”，填补了野生动物保护法立法的空白，是该法立法的一个积极进步和显著完善。

7.3 生态恢复

生态恢复(ecological recovery)是指对生态系统停止人为干扰，以减轻负荷压力，依靠生态系统的自我调节能力与自我组织能力使其向有序的方向进行演化，或者利用生态系统的这种自我恢复能力，辅以人工措施，使遭到破坏的生态系统逐步恢复或使生态系统向良性循环方向发展。生态恢复主要指致力于那些在自然突变和人类活动影响下，受到破坏的自然生态系统的恢复与重建工作。《关于建立以国家公园为主体的自然保护地体系的指导意见》中指出，国家公园等自然保护地应以自然恢复为主，辅以必要的人工措施，分区分类开展受损自然生态系统修复。

生态恢复试图重新创造、引导或加速自然演化过程。人类没有能力去恢复天然系统，但是可以帮助自然，把一个地区需要的基本植物和动物放到一起，提供基本的条件，然后让它自然演化，最后实现恢复。因此，生态恢复的目标不是要种植尽可能多的物种，而是创造良好的条件，促进一个群落发展成为由当地物种组成的完整生态系统。或者说，生态恢复的目标是为当地的各种动植物提供相应的栖息环境。

作为一门研究生态整合性的恢复和管理过程的科学，生态恢复现已成为世界各国的研究热点。生态恢复的原则包括自然原则、社会经济技术原则和美学原则。生态恢复的方法有物种框架方法和最大多样性方法。

7.4 生态重建

生态重建(ecological reconstruction)是指依靠大规模的社会投入对退化的生态系统进行整治，包括改造导致生态恶化的社会经济因素，从而迅速提高土地生产力，并使生态系统进入良性循环。

生态重建是自 20 世纪 80 年代以来生态学领域最活跃的关键行动

之一。尤其是进入21世纪以来，由于国际社会和学界对地球生态与环境退化和健康的关注，使生态重建受到极大的重视，而设计生态方案观念和方法的发展则使生态重建进入了更高的层次。有研究认为，生态重建是指在人为辅助下的生态活动，比生态恢复具有更丰富的科学含义与技术，且在生态管理中处于更高的层次，是对"ecological restoration"更准确的翻译；而生态恢复对应的应该是"recovery"，是指没有人直接干预的自然发生过程，两者不容混淆。根据国际生态重建学会(Society for Ecological Restoration)的最新定义，生态重建是指协助一个遭到退化、损伤或破坏的生态系统恢复的过程。

生态恢复与生态修复、生态重建等在含义上有所区别，但是都具有恢复和发展的内涵，即将原来受到干扰或者损害的系统恢复后使其可持续发展，并为人类持续利用。

7.5 生态评价

生态评价是根据合理的指标体系和评价标准，运用恰当的生态学方法，对一个区域内各个生态系统，特别是起主要作用的生态系统本身的质量，以及其在外界干扰作用下的动态变化规律和变化程度进行综合评价。生态评价的主要任务是认识生态环境和生态系统的特点与功能，明确人类活动对生态环境和生态系统影响的性质、程度，明确为维持生态健康及自然资源的可持续利用而应采取的对策和措施。

7.6 就地保护

根据由联合国环境规划署发起的《生物多样性公约》(Convention on Biological Diversity)的定义，就地保护是指在原有的自然条件下，对生态系统和自然栖息地的保护，以及对存活种群的保护与恢复；就驯化和栽培的物种而言，则是指在其形成鲜明特点的环境下进行保护或恢复。

建立国家公园等各类自然保护地是实现就地保护目标的重要措

施。就地保护是生物多样性保护中最为有效的一项措施,是拯救生物多样性的必要手段。就地保护的对象主要包括有代表性的自然生态系统和珍稀濒危动植物的天然集中分布区等。

7.7 迁地保护

根据《生物多样性公约》的定义,迁地保护是指在自然栖息地外对生物多样性组成部分的保护。迁地保护是物种保护两种重要形式之一,是对就地保护的一种补充,可以对受威胁和稀有的物种及其繁殖体进行长期保存、分析、实验,并使之增殖。

7.8 生物廊道

生物廊道也可称为生物走廊带、生态廊道、生境廊道等,通常是指连接生物主要生境斑块之间的通道,从而实现物种基因、能量、物质的流动。

建设生物廊道在一定程度上可以防止种群隔离、维持最小种群数量并保护生物多样性,有助于减少乃至消除生境破碎化对生物多样性的影响。由于一些野生动物(如亚洲象、东北虎、大熊猫等)通常需要较大的活动面积,生物廊道能够保障这些物种不受限制地在较为广阔的区域内活动。一些具有季节迁移习性的物种(如丹顶鹤、藏羚羊等),则需要在不同季节往返于繁殖场所和越冬场所,生物廊道可以保持它们的原有迁徙路线,不受人为因素的干扰。

我国林业行业标准《自然保护区功能区划技术规程》(LY/T 1764—2008)中明确规定:"当一个自然保护区存在2个或2个以上核心区时,核心区之间应划建生物廊道……相邻的自然保护区如有必要,可在自然保护区间划建生物廊道。"在大熊猫栖息地保护过程中,观音山自然保护区就是秦岭自然保护区群中大熊猫的2个主要局域种群——兴隆岭和天华山局域种群及其栖息地的重要连接纽带,是一个典型的以大熊猫生物廊道作为主要保护区域的自然保护区。

7.9 生物监测

生物监测利用生物个体、种群或群落对环境污染或变化所产生的反应，阐明环境污染状况，从生物学角度为环境质量的监测和评价提供依据。

生物监测利用生命有机体对污染物的种种反应，直接地表征环境质量的好坏及所受污染的程度。由于环境变化的效应从根本上是对以人为主体的生物系统的影响，因此生物监测对环境素质的优劣更具有直接的指示作用。但由于生物监测的监测对象（即生态系统）的复杂性，使生物监测的操作面临许多问题。其灵敏性、快速性和精确性等都需进一步提高。

生物监测方法的建立是以环境生物学理论为基础的。根据监测生物系统的结构水平、监测指示及分析技术等，可以将生物监测的基本方法大致分为生态学方法、生理学方法、毒理学方法及生物化学成分分析法 4 大类。

7.10 指示生物

指示生物又称生物指示器，是指那些在一定地区范围内，能通过其特性、数量、种类或群落等变化，指示环境或某一环境因子特征的生物。

指示生物可分为敏感指示生物和耐性指示植物。敏感指示生物是指环境中污染物浓度含量很低，乃至低至化学方法无法测定时，能表现出某些灵敏反应的一些生物，如牵牛花对光化学烟雾很敏感；可以根据生物反应症状及反应程度对污染物浓度进行定性、定量分析。耐性指示植物是指在不良的环境中能表现出良好的生长势，也就是说污染的环境反而能促进这类植物的生长，如水体富营养化而大量蓝藻出现。

指示生物按环境可分为水污染指示生物、大气污染指示生物、土壤污染指示生物。

7.11 生物多样性监测

生物多样性监测是指为确定与预期标准相一致或相背离的程度，而对生物多样性进行定期或不定期的监视。从本质看，生物多样性监测是随着时间和空间的变化对生物多样性的反复编目，它所反映的是生物多样性在某一段时间内的变化过程，由此获得的信息可以为区域规划、可持续发展和生物多样性保护等的宏观决策提供科学依据。

生物多样性监测主要在物种、生态系统和景观 3 个水平上进行：在物种水平，主要选择濒危物种、经济物种和指示物种等，监测其种群动态和主要影响因素；在生态系统水平，通过选择重要的生态系统类型并在其典型地段建立一定面积的长期固定监测样地，实现对生态系统组成、结构、功能及关键物种、濒危物种等的监测；在景观水平，主要通过遥感手段和地理信息系统对一定区域的景观格局和过程及其影响因素进行监测（图 7-1）。

图 7-1　东北虎豹国家公园利用红外相机对虎豹种群进行监测

7.12 生物多样性影响评估

生物多样性影响评估是指为评估特定的过程或措施对生物多样性或其组成可能带来的各种影响而进行的调查、监测和分析活动。生物多样性影响评估是有效保护生物多样性、合理利用其资源、保证其可持续发展的关键，是制定保护政策和保护技术方法的科学依据。生物多样性影响评估一直是环境影响评价的重要内容，《生物多样性公约》第十四条要求每一缔约方应采取适当措施，就其可能对生物多样性产生严重不利影响的拟议项目进行环境影响评估，以避免或尽量减轻这种影响，并酌情允许公众参加此种程序。

目前，我国已出台了《自然保护区建设项目生物多样性影响评价技术规范》(LY/T 2242—2014)。下一步，应尽快明确国家公园建设项目生物多样性影响评估的规范要求。

7.13 环境监测

环境监测是指环境监测机构对环境质量状况进行监视和测定的活动。环境监测通过对反映环境质量的指标进行监视和测定，以确定环境污染状况和环境质量的高低。环境监测的内容主要包括物理指标的监测、化学指标的监测和生态系统的监测。

环境监测是科学管理环境和环境执法监督的基础，是国家公园环境保护必不可少的基础性工作。环境监测的核心目标是提供环境质量现状及变化趋势的数据，判断环境质量，评价当前主要环境问题，为环境管理服务。

7.14 环境影响评价

环境影响评价是指对规划和建设项目实施后可能造成的环境影响进行分析、预测和评估，提出预防或者减轻不良环境影响的对策和措施，并进行跟踪监测的方法与制度。

为了实施可持续发展战略，预防因规划和建设项目实施对环境造成的不良影响，促进经济、社会和环境的协调发展，我国于 2002 年制定《中华人民共和国环境影响评价法》(2002 年主席令第 77 号)，并于 2018 年进行了第二次修正。

国家公园的首要功能是保护重要自然生态系统的原真性、完整性，同时兼具科研、教育、游憩等综合功能，实行最严格的保护。国家公园编制总体规划的同时，应开展规划环境影响评价，保障各项活动符合国家公园的管控要求；在满足总体规划管控要求的条件下，对允许开展的建设项目要开展建设项目环境影响评价。

7.15 管理评估

管理评估在国外被称作管理有效性评价，它是系统保护规划过程的重要组成部分，是将项目实施、规划与资金联系起来的重要环节。国外在 20 世纪 80 年代已开始注重保护区管理有效性问题，至今已陆续提出 28 种评估方法。其中，1997 年世界自然保护地委员会依据自然保护地管理过程的基本要素所提出的相关评估框架具有重要影响力。自 20 世纪 90 年代起，我国也针对自然保护区为主的各类自然保护地，在管理评估方法、评估指标等方面开展了广泛研究，并出台了多个管理评估规范，特别是原环境保护部于 2018 年 3 月发布的《自然保护区管理评估规范》(HJ 913—2017)，正有力推动自然保护区管理工作的提升。

国家公园管理是通过计划、组织、实施、评估和调整等环节，协调国家公园人力、物力、财力资源，使国家公园得到有效保护和合理利用的过程。

国家公园管理评估应从管理基础、管理措施、管理保障、管理成效等方面，制定管理评估指标体系和方法，对国家公园所开展的阶段性建设和管理活动进行评价。

国家公园保护成效评估是围绕管理产出及效果的要素层面，重点从生态环境、经济发展、社会维系、文化景观等方面评估国家公园的保护综合成效。

7.16 应急管理

应急管理是指政府及其他公共机构在突发事件的事前预防、事发应对、事中处置和善后恢复过程中，通过建立必要的应对机制，采取一系列必要措施，应用科学、技术、规划与管理等手段，保障公众生命、健康和财产安全，促进社会和谐健康发展的有关活动。

国家公园应具备处理林火、疫病疫情、自然灾害等突发性事件的能力，根据自身特点及潜在的自然灾害，编制相应的应急预案，组建训练有素的防火等应急队伍。出现重大环境污染、违规开发建设和生态破坏等紧急事件时，能够采取相应的应急处理措施。

7.17 分区管理

分区管理是国家公园规划、发展及管理方面最重要的手段之一。国家公园分区管理是将国家公园范围内的陆地和水域按其需要保护的情况和可对游人开放的条件，以资源状况为基础划分成不同区域。它对游人的活动和对公园管理者的活动都具有指导意义，有助于解决使用和保护之间存在的紧张情况。

国外在进行国家公园等自然保护地的规划和管理时，都会考虑利用功能分区的方法协调保护和利用之间的矛盾，在功能区的划分上有一些必然遵循的相似之处。其具体体现为：将保护和利用功能分开进行管理；与同心圆模式类似，各功能区保护性逐渐降低，而利用性逐渐增强；面向公众开放的国家公园都会设有集中的服务设施区。主要国家的国家公园功能分区虽有相似之处，但也各不相同，管理要求和平均面积也存在一定差异，这主要是由于各国经济发展水平和人口分布密度存在差异，导致国家公园在协调资源保护与发展方面所起的作用程度及面临的问题并不相同。例如，加拿大和美国的国家公园都设有严格保护区，并将严格保护区和重要保护区作为公园的主体部分，同时设有不同游憩体验的功能区域；日本和韩国的国家公园没有设立严禁公众进入的严格保护区，将限制性利用区作为公园的主体部分，并且还设有专门的居住区，满足当地居民生产、生活需要。

《关于建立以国家公园为主体的自然保护地体系的指导意见》明确指出实行自然保护地差别化管控。根据各类自然保护地功能定位，既严格保护又便于基层操作，合理分区，实行差别化管控。国家公园和自然保护区实行分区管控，原则上核心保护区内禁止人为活动，一般控制区内限制人为活动。自然公园原则上按一般控制区管理，限制人为活动。结合历史遗留问题处理，分类分区制定管理规范。

7.18 第三方评估

《建立国家公园体制总体方案》中指出，加强对国家公园生态系统状况、环境质量变化、生态文明制度执行情况等方面的评价，建立第三方评估制度，对国家公园建设和管理进行科学评估。

开展第三方评估是一项重大的制度性创新举措，是采用一种新的办法来推动改革、推动发展，是建设符合时代要求和人民满意的现代政府的有益尝试，是推进政府治理体系和治理能力现代化的积极探索。

从国外第三方评估的经验看，第三方是指处于第一方（被评对象）和第二方（服务对象）之外的一方。由于第三方与第一方、第二方都既不具有行政隶属关系，也不具有经济利益关系，所以一般也会被称为独立第三方。多数情况下由非政府组织即一些专业的评估机构或研究机构充当第三方，其独立性、专业性、权威性比较可信。在我国政府管理创新实践中，第三方评估的第三方被赋予了比国外更宽泛的理解。第一方评估是指政府部门组织的自我评价；第二方评估是指政府系统内，上级对下级做出的评价，也称为督查，这都属于内部评价。而第三方评估是指由独立于政府及其部门之外的第三方组织实施的评价，也称为外部评价，通常包括独立第三方评估和委托第三方评估。第三方的主体可以是多样的，包括受行政机构委托的研究机构、专业评估组织（包括大专院校和研究机构）、中介组织、舆论界、社会组织等。

8 国家公园规划

8.1 国家公园规划体系

国家公园规划是一项全面系统的工程，是在对国家公园内资源环境、社会经济管理经营等进行全面调查、科学评价与战略分析基础上，明确国家公园范围和面积，确定国家公园的性质、发展思路、方向和目标，并制定保护、科研、教育、游憩、社区发展和管理等方面的措施与行动的过程。国家公园规划体系的构成，各国之间存在一定差异，我国各类保护地在多年的发展中也各成体系。通过规划规范和规划层次来控制国家公园资源保护与利用之间的关系，是国家公园发展过程中的重要手段和方法。

国家公园规划体系分为发展规划、总体规划、专项规划、详细规划和年度工作计划等。其中，发展规划应提供全国性的宏观指导框架和长远目标；总体规划是明确国家公园的发展方向和目标，是国家公园发展建设过程中的主要规划指导文件；专项规划是总体规划在特定领域的细化，包括生态保护、科研监测、环境教育、社区发展、基础设施、管理体系等规划；详细规划应根据国家公园内分区的不同利用要求进行编制，应当符合总体规划；年度工作计划是对本年度国家公园管理和财政计划的规划和预算。

8.2 国家公园规划理论

8.2.1 保护生物学

保护生物学以保护生物多样性为核心，其 3 个主要目标包括掌握生物多样性的现状、了解人类活动等因素对生物多样性的影响，以及提出可行性的保护方案来防止物种的灭绝、维持物种的基因多样性和保护生物赖以生存的生态系统。

(1)岛屿生物地理学(theory of island biogeography，TIB)理论：探讨了物种丰富度与生境面积及隔离程度的静态和动态关系，揭示了物种灭绝同生境面积、与种群库距离的依赖关系，即面积效应和距离效应。其关系式通常表示为

$$S = CA^{Z}$$

式中：S 为物种丰富度；C 为与生物地理区域有关的拟合参数；A 为岛屿面积；Z 为与到达岛屿难易程度有关的拟合参数。

(2)种群生存力分析(population viability analysis，PVA)：通过数据分析或模型模拟，确定物种在未来某一人为限定时间段内的灭绝风险。通过输入物种的生命特征参数以获得物种在未来某一时间段的灭绝概率或种群数量的变化趋势。这种方法既可用于单物种种群灭绝风险的评估，也可用于多物种灭绝风险的比较，乃至可以扩展到生态系统脆弱性的研究。该方法也可用来预测小种群变化过程，进而理解物种的濒危机制，或用来探讨导致某一特殊物种下降或灭绝的影响因子、各影响因子之间的相互关系与影响程度等。因此，种群生存力分析主要用于识别以物种为中心的重要生态学过程，预测灭绝概率，找出致危因素，为制定有效的保护管理措施提供科学的建议和支持。

8.2.2 景观生态学

景观生态学是指研究景观空间结构与形态特征对生物活动与人类活动影响的科学。景观的空间结构包括类型与格局，而景观的形态则是指人类感知的视觉景观，两者共同组成了景观的基本特征——空间构型。

构成景观空间结构的基本模式是斑块(缀块)—廊道—基质(基底)模式。斑块(缀块)是指在景观的空间比例尺上所能见到的最小异质性单元，一般包括植物群落、湖泊、草原、农田和居住区等，因其大小、类型、形状、边界及内部均质程度都会显现出很大的不同，主要以空间非连续性和内部均质性为其特征。廊道是指不同于两侧基质的狭长地带，可视为一个线状或带状斑块。廊道的重要结构特征包括宽度、组成内容、内部环境、形状、连续性，以及与周围斑块或基底的作用关系。廊

道常常相互交叉，形成网络，使廊道和缀块与基底的相互作用复杂化。基底是指景观范围广阔、相对同质且连通性最强的背景地域，作为一种景观元素，对景观的动态起着主要作用，决定着景观的性质。

景观格局包括景观结构单元的类型、数目及空间分布与配置。不同斑块可在空间上呈随机型、均匀型或聚集型分布，格局决定景观的多样性、空间异质性和连接度等性质。景观过程是景观系统内部及内外物质、能量、信息的流通和迁移，以及景观系统自身演变的总称。景观过程强调动态特征，包括物种迁徙、群落演替、物质与能量流动、景观格局变化等。通过景观格局的识别可以分析生态过程，并进行生态评价。景观尺度包括时间尺度和空间尺度。野生动物会在不同的尺度水平上产生一系列生态适应过程。生态廊道的设计首先就要明确尺度问题，在一定尺度范围内，确定现有景观格局和景观过程及其动态变化和存在的问题，进而有的放矢地完善景观结构，发挥景观功能。

8.3 国家公园规划方法

8.3.1 系统保护规划法

系统保护规划法（systematic conservation planning，SCP）旨在解决在生物多样性保护目标紧迫、人类活动及资源需求不断增加的情况下综合、系统地规划保护地的问题，将优先的保护资源用于关键区域，实现保护生态系统及生物多样性的特有性、生态过程的完整性的保护目标。该方法具有把保护目的与实践相结合的优势，既考虑规划地区生物多样性的综合保护目标，也考虑规划地区的经济发展情况。

系统保护规划法基于模拟运算模型进行，要求在规划时明确选取生物多样性的替代指标、保护目标，并进行量化。其基本思路为：首先将研究区划为若干独立的规划单元，通过目标函数为每个单元赋值，通过迭代运算选择备选单元集合中的最优解，结果代表在达到既定保护目标的同时保护成本最低的规划单元集合。随着计算机技术和地理信息系统技术的发展，多种模型、软件已被研发应用到系统保护规划中。SITES 软件较早用于系统保护规划，使用贪婪算法在较小尺度上选择备选单元中具有保护意义的集合作为保护优先区。WorldMap 软件多用于解决较大尺度上保护生物学的保护优先集合问题，输入数据通常覆盖大尺度生物地理范围。CLUZ(conservation land use zoning) 用于保护优先区的区划和保护体系连接度的测量，与其他多个模型有动态连接界面，可以利用 CLUZ 与其他软件联合运算。PANDA (protected areas network design application)是用 Visual Basic 语言在 ArcObjects 软件中编写的用来建立保护网络的系统保护规划工具，具有较强的计算和可视化功能，可以独立完成系统保护规划，具有完整的运行框架。MARXAN(marine reserve design using spatially explicit annealing)、C-Plan 与 Zonation 是当前系统保护规划的主流软件(表 8-1)。

表 8-1　系统保护规划主流软件

软件	特点
MARXAN	澳大利亚昆士兰大学研究出的一种决策支持软件，利用该软件可以得到保护成本最低时的生物多样性保护目标；其原理是基于互补性原则和模拟退火算法，结合多种生态、社会和经济目标，确定保护区域
C-Plan	作为系统保护规划决策支持软件，将区域生物多样性和威胁进行分别考虑，优先保护受威胁程度高、生物多样性保护价值高的地区，利用最少的保护单元最大限度地实现保护目标；其原理是利用退火模拟算法反复计算规划单元的不可替代性值，直到所预定的保护目标都被满足为止
Zonation	用于大尺度空间系统保护规划的保护区选址框架，识别对保持多物种栖息地的质量与连通性具有重要性的区域或景观，明确一个研究景观的优先保护区域；具体的做法是根据连通性的需要和生物多样性特征(如物种、土地覆盖类型等)的优先性，逐步从研究景观中移除最没有价值的栅格，同时使保护价值的边际损失最小化，最后得到一个高连通性景观结构的嵌套序列

8.3.2　GAP 规划法

生物多样性保护地理途径(geographic approach to protection of biological diversity)又称 GAP 规划法，从生物多样性各组成部分中选

取有限的具有代表性的保护对象，进行重点保护。其基本理念为：通过优先保护在生物多样性中具有代表意义的若干保护对象，从而实现对生物多样性整体的有效保护。规划研究主要保护对象及其分布，针对保护对象所面临的威胁确定保护区划，即针对植物、动物、景观和文化资源制定管理保护措施，同时确定环境监控、生物多样性监测的有关措施。

GAP规划法可概括为以下5个步骤：第一步优先保护对象的选择和确定，以及其基本状况的掌握；第二步对保护对象所受威胁进行分析和评估；第三步对威胁产生的根源进行分析和评估；第四步提出取消威胁和根源的对策；第五步在政策实施后，对实施的成功程度进行监测和评估，并及时调整部分政策。

8.3.3 最小费用距离法

最小费用距离法是指从"源"经过不同阻力的花费或者克服阻力所做的功，就是计算从目标斑块到最近"源"斑块的累积费用距离。它代表的是一种加权距离，而非实际的空间距离。运用最小费用距离法可得出物种由"源"向外扩散的景观阻力，适用于以野生动物为主要保护目标的保护地功能分区。在运用最小费用距离法进行功能分区时，需要确定3个要素："源"、阻力层和阻力值。

8.4 国家公园发展规划

国家公园发展规划主要指国家公园在国家层面的空间布局规划，在国家层面对全国国家公园建设和治理整体性、长期性的安排，其作为一种战略性、前瞻性、导向性的公共政策，将在国家公园建设管理中起到十分重要的引领作用。立足我国基本国情和发展阶段，以保护最重要自然生态系统的原真性、完整性为目标，以科学评估为基础，以国家代表性、生态重要性和管理可行性为评估尺度，整合相邻和重叠的各级各类自然保护地，优先布局和整合设立国家公园，逐步把最应该保护的地方严格保护起来，实现国家所有、全民共享、世代传承的目标，为维护国家生态安全、建设美丽中国、实现中华民族永续发展提供生态支撑。

8.4.1 国家公园空间布局

根据国家公园的选址原则，结合我国生物地理分区和国家重点生态功能区，按照山系、水系等完整自然生态系统的保护要求，初步筛选出自然生态典型、管理体制复杂的区域，对这些区域能否建设成为国家公园的资源禀赋，以及是否具备建设适宜性和管理可行性等进行综合分析，进而提出国家公园拟建区的布局。

多年来，我国建立了包括自然保护区、风景名胜区在内的保护地体系，保护了我国典型自然生态系统、生物多样性的热点区。国家公园的建立应全面收集和分析自然保护区、风景名胜区、森林公园、地质公园、湿地公园等不同类型保护地的分布情况，对其进行科学评估和系统评价，选择符合国家公园建立条件的保护区域。按照国家公园体制改革目标，做好现有保护地与国家公园布局衔接。

8.4.2 国家公园选址原则

(1)坚持国家利益：国家公园应坚持国家所有，具有国家象征，代表国家形象，彰显中华文明。优先考虑最具有国家代表性的大面积自然生态系统、最富聚生物多样性和最独特自然景观的区域，或具有全国乃至全球意义自然文化遗产的区域。国家公园应既具有极其重要的自然生态系统，又拥有独特的自然景观和丰富的科学内涵，国民认同度高，具有中央或省级政府直接行使统一管理权的条件，能够充分为国民素质教育提供机会，让公众更好地亲近自然、了解自然、热爱自然。

(2)坚持自然优先：坚持国家公园生态保护的首要定位，体现国家公园保护大面积自然生态系统完整性、原真性的基本功能，对接全国主体功能区规划明确的重点生态功能区、生态保护红线等生态安全格局，以陆域的青藏高原屏障区、黄土高原—川滇生态屏障区、东北森林带、北方防沙带、南方丘陵地带“两屏三带”和滨海防灾减灾带共同构筑的国家生态安全战略格局为布局重点，优先保护重要、特有生态系统类型和旗舰或伞护物种种群及栖息地，强化国家公园在水源涵养、水土保持、防风固沙、洪水调蓄和生物多样性保护等生态功能稳定与提升方面的重要作用，完善国家生态安全屏障，保障主导生态服务功能稳定提供。

(3)坚持系统均衡：综合考虑气候、地貌、生态系统类型与分布，在中国自然地理区划、中国生态区划、全国海洋功能区划和生物地理区系的基础上，陆海统筹、点面结合。对全国陆域及海域进行生态地理区划划分，按照生态地理单元落实国家公园生态系统与地貌类型的代表性及生物区系的完整性。生态地理过渡带、非地带性分布的湿地生态系统类型，以及特有地质地貌类型等在全国层面选择典型代表区域。确保我国所有的生态地理单元、所有生态系统类型、所有珍稀濒危物种代表种群、所有地质地貌景观类型都能拥有国家公园代表。

(4)坚持统筹整合。在系统梳理我国自然保护地现状与问题的基础上，优先在各类自然保护地较多、交叉重叠严重的区域设立国家公园，作为区域自然生态系统保护的核心节点，体现国家公园在自然保护体系中的主体地位和引领作用。以保持生态系统完整性、物种栖息地连通、保护管理统一为原则，整合各类区域交叉、空间重叠的自然保护地，归并因行政区划、资源分类造成条块割裂的相邻自然保护地，有效解决自然生态系统破碎化、孤岛化问题。建立跨地区、跨部门的管理体制，实现山水林田湖草的整体保护和统一管理。

8.5 国家公园总体规划

国家公园的总体规划是在对国家公园选址地进行综合调查分析的基础上，对国家公园的目标、范围、功能分区、发展方向及各相关部门的职责权属进行明确，制定国家公园有关生态保护、科研监测、旅游、宣教、社区发展等一系列行动计划与措施的过程。总体规划可在规划所定的时期内作为指导性文件，明确国家公园资源状况，界定国家公园界限与功能分区，规划管理、保护与利用方式等，为国家公园建设提供目标、指导和依据。

8.5.1 综合调查

综合调查是对国家公园内(或包含临近地区)本底和资源情况进行的调查，可在已有的综合考察及各项监测、调查的基础上进行，为国家公园的功能分区、保护与管理等后续工作提供依据。综合调查主要分为自然环境调查、生物资源调查、社会经济情况调查、建设条件调查与游憩资源调查。

(1)自然环境调查：对地形、气候、水文、土壤、环境质量等非生物自然环境因素的调查。

(2)生物资源调查：对生态系统、植被、物种多样性等的调查。其中，生态系统调查包括对森林、草原、湿地、荒漠等国家公园区域所含生态系统的种类、分布、面积、受人类干扰类型和程度的调查；植被调查包括国家公园区域所含植被的植物群落类型、种类组成及优势种、群落结构特征、覆盖度、蓄积量或产草量、起源、退化情况、权属等的调查；物种多样性调查包含陆生维管植物、陆生脊椎动物、鱼类、昆虫、大型真菌等国家公园区域内主要保护的各类群生物的种类、分布、数量、受保护和受威胁的情况等的调查。

(3)社会经济情况调查：对行政区划、人口、经济发展状况、主要产业等的调查。

(4)建设条件调查：对用地条件、基础设施、环境安全状况、社区居民认知和支持情况等的调查。其中，用地条件调查包括土地的使用现状及其权属、与土地利用相关的各项管控界限等的调查；基础设施调查包括对各项基础设施的类型与分布情况等的调查；环境安全状况调查指对已有的和潜在的威胁环境的情况进行调查，包括水土流失情况、土地沙化情况，以及大气、水体、土壤污染等的分布、威胁严重程度等情况；社区居民认知和支持情况调查指对国家公园内及周边社区的居民对自然保护、国家公园的认知和支持程度的调查。

(5)游憩资源调查：对国家公园内的自然、人文景观资源，以及国家公园外可借景观资源的调查，调查需明确各游憩资源的类型、分布、数量、质量、规模、旅游现状等。

8.5.2 资源评价

资源评价主要指评价一个地区建立国家公园的优势和挑战。资源评价分为 3 个方面，即生态系统代表性评价、面积适宜性评价和管理可行性评价。

(1)生态系统代表性评价：指生态系统的特有性、典型性、完整性，以及主要保护对象的稀有性和特有性评价。生态系统的特有性评价内容为待评价生态系统类型是否为所在地区或全国特有;生态系统的典型性评价内容为待评价生态系统在同类型生态系统中的典型性,以及待评价生态系统在所在地区的典型性;生态系统的完整性评价内容为该生态系统在结构、生态过程方面的完整性及其破碎程度、退化程度、受干扰程度;主要保护对象的稀有性和特有性评价内容为濒危、特有物种所占的比例及其濒危、特有的程度。

(2)面积适宜性评价:指国家公园的面积对于达到维持生态系统结构、过程、功能完整性的要求的满足程度,可通过岛屿生物地理学的方法或利用国家公园覆盖的所需保护的土地面积比例等进行评价。

(3)管理可行性评价:包括国有土地所占比例、已有的保护地管理状况评价、社区支持程度评价、基础设施建立情况评价、保护对象面临的威胁评价等。

8.5.3 功能分区

划分功能分区进行空间管控,是国家公园基本的管理方式之一。《建立国家公园体制总体方案》中明确要求了“按照自然资源特征和管理目标,合理划定功能分区,实行差别化保护管理”。《关于建立以国家公园为主体的自然保护地体系的指导意见》提出“实行分区管控,原则上核心保护区内禁止人为活动,一般控制区内限制人为活动”。

核心保护区是国家公园内保护自然生态系统原真性和完整性、维护自然生态系统功能、实行严格保护的基本生态空间。在进行划分时,应将国家公园中,利用各种分区划分方法所得出的重要性最高的区域,即重要生态系统、重要物种栖息地划为核心保护区,并综合考虑区域内原有的自然保护区的核心区和缓冲区、世界遗产地、国际重要湿地核心区域等其他重要保护地类型的核心区域。一个国家公园内可划分多个核心保护区,但需避免过于破碎,以免影响生态系统完整性的保护。核心保护区的管理目标是保护自然生态系统的原真性和完整性,保护重要物种及其栖息地,保护生物多样性,最大限度减少人为活动的影响。

一般控制区是国家公园内除核心保护区外的其他空间,是核心保护区外的缓冲地带,承载国家公园的科研、教育、游憩等多种功能,也是当地社区居民的生活生产空间。在进行划分时，将核心保护区之外的区域划归一般控制区，包括居民点、退化生态系统、游憩体验点等。一般控制区的管理目标是控制人为活动，协调保护与社区发展，修复退化的生态系统，维护生态系统和栖息地的完整性，合理开展自然资源可持续利用和特许经营活动，开展与管理目标一致的自然体验和宣传教育活动，实现生态保护与国家公园多种功能的共同发展。

对于面积较大、保护对象与社区分布情况较复杂的国家公园，在一级功能分区完成后，建议根据各区域实际情况和保护目标的需求，进行更具有针对性的二级功能分区，以便更有针对性地落实管控措施。在核心保护区内，可依据国家公园主要保护对象分布、生态系统退化程度等与生态、生物多样性保护相关的需求进行二级功能分区。在一般控制区内，可按照土地权属、自然资源利用情况、保护对象分布等进行二级功能分区。

8.6　国家公园专项规划

国家公园专项规划以国家公园总体规划为纲领，是总体规划的支撑，也是总体规划的深入。专项规划主要根据国家公园实际情况确定方向后进行编制，可按照国家公园的保护、科研、教育、游憩和社区发展等功能编制专项规划，也可针对国家公园的主要保护对象编制专项规划。

8.6.1　生态保护规划

对生态系统原真性和完整性的保护是国家公园最主要的工作，因而生态保护规划是最重要的专项规划。生态保护规划不仅确定了生态系统、物种、自然景观等主要保护对象的保护要求和管控措施，更是为其他各项规划划出了“红线”。

生态保护规划需具有全面性、科学性和针对性。全面性是指国家公园的保护规划需要覆盖园区内所有原生性的生态系统及重点保护物种类群，或者重要的景观、遗迹。科学性是指采用科学合理的保护方法。针对性包括两个方面：一方面保护方法对于不同的保护对象进行针对性的设置；另一方面保护方法根据所处的国家公园功能分区进行针对性的确定。在国家公园的保护区域内，应注重对生态系统的严格保护，最大限度地减少人工干预；在国家公园的利用区域内，应注重对自然资源的可持续性利用，以及对利用方式和程度的管控。

国家公园内要设立常规的巡护路线。巡护路线设置于主要保护对象分布区域、盗猎目标物种集中分布区域及人为干扰较多的地方，每条路线有专门的巡护人员进行巡护。巡护在平时定时进行；在人员干扰较多及保护敏感时期，如旅游高峰期、盗猎活动高发的所在地传统狩猎季节、动物疫病或植物病害爆发时期，加强巡护频率。

8.6.2 科研监测规划

国家公园保护着极其重要的自然生态系统，拥有典型的自然景观、丰富的生物多样性和独特的人文资源，为人们提供了探究科学奥秘的场所。科研监测规划是国家公园规划中的一个重要组成部分，应在对科研监测现状进行调查和分析的基础上，根据具体的国家公园特色，确定该国家公园开展科研监测规划的原则、目标，提出在国家公园内或周边开展科学研究和监测活动的方向，建立科研监测体系，加强科研监测的管理。

科学研究可分为基础研究、应用基础研究、应用研究和开发研究等类型。在国家公园的科研活动中，上述几种类型都会涵盖，国家公园科研项目可以以国家公园管理机构自身为主开展，也可以依托和吸引国内外相关领域的科研力量合作开展。国家公园享有科学研究成果的使用权，将研究成果转化为管理的措施，解决在保护、宣教、游憩展示和社区发展管理中遇到的实际问题。

《建立国家公园体制总体方案》中明确提出了建立健全监管机制，包括强化对国家公园生态保护等工作情况的监管、完善监测指标和技术体系并定期开展监测、构建自然资源基础数据库等要求。生态环境监测是国家公园监测体系中最为重要的内容。国务院办公厅发布的《生态环境监测网络建设方案》(国办发〔2015〕56号)中提到，生态环境监测是生态环境保护的基础，是生态文明建设的重要支撑。标准规范的生态监测网络，高质量、信息化、高共享程度的监测数据，与监管紧密结合的监测指标体系，将会为生态文明建设提供强有力的支撑。各国家公园内需要建设生态监测网络，对监测体系做好相应的规划对于监测体系的建设有重要的指导作用。

8.6.3 环境教育规划

环境教育功能是国家公园公益性和教育性意义的体现。环境教育的主题围绕国家公园内的自然与人文景观的相关科学知识与保护理念开展。环境教育的对象不仅包括国家公园的访客，还应包括当地的社区居民。此外，通过媒体向国家公园外的广大公众进行宣教，既能达到更广泛的宣传科普效果，同时又能对国家公园进行推广。环境教育规划通过一系列的环境教育活动，向社会公众展示国家公园各类资源的科学价值，充分激发公众的保护意识和社区居民参与国家公园建设的积极性，提高公众对国家公园生态保护的认同感和参与保护的自觉性，从而提高国家公园的知名度和影响力，争取更多的建设基金和科研合作，促进国家公园的长远发展，使其成为生物多样性保护、科普知识展示、民族文化保护与传承、公众休闲体验的最佳场所。

8.6.4 生态旅游规划

国家公园以生态环境、自然资源保护和适度旅游开发为基本策略，通过较小范围的适度开发实现大范围的有效保护，既排除与保护目标相抵触的开发利用，达到保护生态系统完整性的目的，又为公众提供了旅游、科研、教育、娱乐的机会和场所。生态旅游规划根据国家公园不同旅游资源类型、空间分布特点，结合基础设施、交通区位等综合因素，明确国家公园生态旅游的范围、发展思路、主题功能、主要设置的游憩项目内容及周边辐射发展带动项目等，通过小范围的生态旅游活动展现国家公园的核心资源和独特魅力。规划内容主要包括游憩类型、主题定位、总体布局、游憩产品、游憩线路、环境容量分析、客源和市场分析、游憩设施规划等。

8.6.5 社区发展规划

社区是自然资源的保护和利用者，是文化资源的传承者，是国家公园的重要组成部分。国家公园建设的重要目标之一是增进当地社区的发展和居民的福祉，国家公园的管理也需要社区的参与和支持。通过社区发展规划，协调社区居民生产生活和资源保护的关系，扶持和引导社区产业结构，建立社区参与机制和社区共建共管机制，最终实现人与自然和谐相处的生态文明可持续发展的目标。

社区发展规划内容包括：明确社区土地利用管制要求，具体到社区空间、社区景观要素、建筑物及设施等层面，保障社区建设中建筑物及设施在形式、材料、风格上与周围环境协调，避免建设性的景观风貌破坏；积极引导社区参与资源管理、生态保护，通过媒体、展览、会谈等形式提高居民意识，协助社区组织建立与发展，注重居民职业技能的培养；强调加强产业发展引导，筛选体现社区资源特点、利于资源保护的产业发展路径；构建社区参与机制、社区共管机制。

8.6.6 特许经营规划

特许经营规划明确了特许经营的法律依据、特许经营项目、受许人选择条件、收费标准，以及如何监督受许人以保证国家公园的生态保护等，构建了管理科学、运行高效的国家公园特许经营管理体制和运营机制，可以使公众获得的经营服务更加高效。特许经营规划的原则有：生态优先、绿色发展；公众收益、反哺社会；集中统一、规范高效；精准有序、公开公正。特许经营规划的主要内容有：特许经营产业引导、特许经营方式、特许经营项目、选择受许人、监督受许人、确定特许费率等。

8.6.7 基础设施规划

基础设施规划包括管理服务设施规划、社区公共服务设施规划、道路与交通设施规划和环境保护设施规划。管理服务设施主要指国家公园行政管理机构业务用房和辅助用房，其功能是为国家公园的管理、信息沟通、后勤保障提供服务。社区公共服务设施包括教育服务设施、社区服务机构、社区医疗卫生服务设施、社区文娱休闲设施、社区商业金融服务设施、市政工程服务设施和宗教服务设施。道路与交通设施规划主要确定游览人行道的线路走向、密度、长度、宽度；确定车行道的线路走向、长度、路幅宽度、停车场及其他道路交通配套服务设施；确定道路红线、断面、高程及坡度；确定集散中心服务人数、服务半径、设施规模等控制指标；规划新建道路，对现有的道路进行升级改造。环境保护设施规划主要确定社区环境保护设施和环卫设施。

8.6.8 管理体系规划

管理体系规划是国家公园管理的基础和保障，通过理顺国家公园管理体系，建立国家公园日常管理保障体系。其中，改革创新国家公园管理体制，构建借鉴国际经验、符合中国国情、体现中国特色的国家公园管理体系，是管理体系规划的核心；加强日常业务管理的建设，健全制度保障，是管理体系规划的重要内容。

合理的国家公园管理机构是开展各项工作和实施规划计划的前提和重要组织保障。《建立国家公园体制总体方案》中提出“建立统一事权，分级管理体制”的要求，包括建立统一管理机构、分级行使所有权、构建协调管理机制等。在体制运行管理方面，应从组建管理机构和明确机构职责两方面进行设计。

国家公园管理机构按照保护管理要求，建立健全各项制度，包括生态保护、科学研究、游憩教育、社区管理、特许经营、志愿服务、交流合作和资金保障等，为国家公园保护管理提供科学、系统、合理的依据和保障。

8.7 国家公园详细规划

国家公园详细规划包括项目规划及环境影响评价，应符合总体规划确定的发展目标。国家公园详细规划的主要内容包括项目建设如何与国家公园的生态环境相协调，设施建设的空间如何与生态空间保护格局相协调，设施的平面、立面及其组团设计的风貌与场所的环境是否和谐。国家公园基础设施和服务设施的项目规划属有限制的规划，建设地点、内容等应综合考虑国家公园的景观资源、自然与人文资源等，使其能够与环境融为一体。环境影响评价强调了国家公园以资源保护为第一目标的价值取向，减少了国家公园管理过程中有意或无意造成的环境破坏。客观、科学地编制总体规划，以及各类专项规划的环境影响评价是国家公园规划的重要内容之一。

8.8 国家公园年度工作计划

国家公园年度工作计划属操作层面的执行规划，主要依据总体规划和专项规划而编制，需特别注意主要项目建设时序安排，避免因建设时序错误使资源遭到破坏。国家公园年度工作计划具体包括本财政年度内资金的投入、支出和工作成果 3 项内容。

8.9 国家公园规划编制

国家公园总体规划、专项规划、详细规划应由各国家公园管理机构组织编制，由具备规划编制资质的单位承担编制任务。关于规划编制资质，应单独设立国家公园规划编制资质，并由中央国家公园管理机构进行认证，也可成立专门机构或科研院所。

规划编制前，应先编制规划纲要，明确规划的指导思想、目标、主要内容等。规划纲要编制完成后，各国家公园管理机构应当组织专家，对规划纲要进行现场调查和复核，提出审查意见。规划承担单位应根据审查意见，对规划纲要进行修改完善。

规划编制初期，各国家公园管理机构应组织规划承担单位进行外业综合调查，收集有关资料和文件。对调查收集的资料进行整理、分析后，规划承担单位编制规划文本，绘制必要的规划图件。

规划编制中期，规划草案完成后应广泛征求有关部门、专家和公众的意见，必要时应当进行听证。国家公园总体规划报送审核材料应当包括社会各界的意见及意见采纳情况和未予采纳的理由。

8.10 国家公园规划审批

国家公园规划审批目前还没有明确的规定，建议遵循以下流程：①国家公园总体规划等各项规划的合法合规性审查，由国家公园管理局进行审查，并以国家公园管理局单位名义出具审查报告。其审查报告应作为“专家评审”环节的评审参考材料。②合法合规性审查完成后，国家公园管理机构通过组织听证会等形式，广泛征求国家公园管理机构职能部门、地方政府部门、社区居民等主要利益相关者及公众意见，并对规划报告进行合理修改。同时，将公众意见采纳情况作为“专家评审”环节的评审参考材料。③国家公园规划编制完成后，国家公园总体规划由国家公园管理局从国家公园专家委员会中随机抽取专家组成。国家公园专项规划由国家公园管理机构从该国家公园专家委员会中随机抽取专家组成。④专家评审完成后，由国家公园管理局进行规划审查，并抄送生态环境部征求审查意见。⑤国家公园总体规划应在国家公园管理局、国家公园管理机构网站上进行批前公示；国家公园专项规划应在国家公园管理机构网站上进行批前公示。公示期满后，应将收集到的社会各界意见及反馈和采纳情况作为附件材料报送审批。⑥国家公园总体规划由国家公园管理局报送国务院审批；国家公园专项规划由国家公园管理机构报送国家公园管理局审批。上述环节产生的意见及反馈和采纳情况，应作为附件材料报送。⑦国家公园总体规划批准后，应当在国家公园管理局、国家公园管理机构网站公开，任何组织和个人有权申请查阅。国家公园专项规划批准后，应当在国家公园管理机构网站公开，任何组织和个人有权申请查阅。

9 国家公园资金制度

9.1 事权、财权与支出责任

9.1.1 事权与支出责任

事权是指处理事务的权力或职权。对政府而言,简单来说就是指一级政府在公共事务和服务中应承担的任务和职责。事权具有以下特点:

(1)政府事权是政府为实现其职能而具有的权力。政府之所以有事权,是因为它有管理相应事务的责任,这种责任也就是政府的职能,所以说政府事权是依据政府职能或责任而被赋予的一种权力。

(2)政府事权是经过法律授予的。由于在现代国家政体中,政府的权力是由国家立法机构通过法律授予的,所以政府事权作为政府权力的一种形式也是由法律授予和调整的。

(3)政府事权是管理国家具体事务的权力。政府所拥有的权力实际上就是行政权,政府事权其实是对政府行政权的一种细化和分类。

提供公共产品和服务是我国政府的主要经济职能之一,其实现的主要形式是财政支出。因此,从某种意义上说,政府的支出事权也就是政府履行其职能,提供公共物品和服务的职责和权限。

严格地讲,事权并不完全等同于支出责任,但是由于支出责任易于量化,一般倾向于用支出责任反映和衡量事权。支出事权划分的核心问题是如何在政府间恰当地划分支出责任,即确定哪些支出责任适宜集中于中央政府,哪些支出责任适宜配置于各层级地方政府,以形成最佳程度的分权,确保作为一个整体的政府得以有效地履行国家职能。

9.1.2 财权与政府间财政关系

广义上理解,财权是指某一级政府所拥有的财政管理权限,包括财政收入权和支出权;狭义上理解,财政权主要指财政收入权。在讨论分权问题时，一般采用狭义理解。财权或称财政权限，与事权相对应，是指政府在取得和管理财政收入方面的权限，主要是课税权和税收征管权。财政权限在中央与地方政府间的划分，是财政分权的核心内容之一，也是财政体制的主要内容。财政体制所要解决的主要问题是如何在中央与地方政府间划分财政权限，即分权。

政府间财政关系是指同一国家内不同层次政府，以及同层次政府之间的财政资源(包括货币等物质资源，以及权力、责任等非物质资源)的分配原则、办法等调节机制的总和。政府间财政关系在任何存在多层次政府架构的国家都是一种客观存在，与国家的政体结构有着内在联系。

9.1.3 事权与财权的一致性

事权规定了政府承担社会经济事务的性质和范围，而政府从事社会经济事务需要相应的财政支出作为保障，因此事权实际上确定了政府的支出责任。财政支出总是以相应的财政收入为前提，而财政收入又是由财权决定的，因此事权必然与财权发生联系。进一步看，这种联系表现为事权决定财权，两者具有一致性。

9.2 公益性和公共物品

9.2.1 国家公园的公益性

“公益”是“公共利益”的简称，指有关社会公众的福祉和利益；也被视为一个特定社会群体存在和发展所必需的、该社会群体中不确定的个人都可以享有的社会价值。美国黄石国家公园的北门上刻着这样的文字：“For the Benefit and Enjoyment of the People”(为了大众的利益和乐趣)。这是1903年美国总统西奥多·罗斯福(Theodore Roosevelt)在该公园演讲时的一句名言，它时刻提醒着人们国家公园为谁而建、为何而建。百余年来，国家公园的公益性逐渐成为国家公园的基本属性。

根据国家公园的目标和“公益”一词的含义，国家公园的公益性内涵可以概括为让全体民众共同享有国家公园生态系统服务(ecosystem service)带来的福祉。其中,全体民众在空间上不仅包括进入到国家公园开展游憩活动的游客,还包括国家公园内部及周边的社区居民,更包括国家公园生态系统服务所惠及的更大范围的普通大众;在时间上不仅包括当代民众,还包括其子孙后代。国家公园可开展一定程度的游憩活动并为民众提供环境教育,而这些只是国家公园众多生态系统服务的一个方面,其带来的福祉远不止这些。

国家公园若能作为一个生态系统被妥善保护管理,其生态系统服务得以正常发挥,那么面向普通大众及其子孙后代的公益性便得以实现。如果在保护前提下利用国家公园资源开展好科学、教育和游憩活动等,同时使当地社区居民受益,那么其公益性便得到了进一步的延伸。

9.2.2 国家公园公共物品属性

公共物品是相对于私人物品而言的,即用于满足公共需要的商品。公共物品是由政府财政提供的,以满足社会公共需求为目的的,为全体社会成员所消费的商品和劳务的总称。公共物品的消费在性质上具有以下与私人物品截然不同的特征:

(1)非排他性:指某人使用公共物品,并不减少他人使用该公共物品的效用,即不排斥其他受益者。

(2)非竞争性:公共物品具有共享性,当某种商品的消费者增加时,其供给成本并不因此而增加(边际成本为零)。

(3)外部经济性:对公共物品的消费所产生的社会收益远远大于它的生产成本。

(4)非价格性:不能按照市场原则以等价交换方式直接购买公共物品。

公共物品一般可以分为纯公共物品和准公共物品。纯公共物品是指完全具备非排他性和非竞争性特点的商品,如国防、行政管理、基础科学研究、社会科学研究、立法、司法、环境保护等。准公共物品是指处于公共物品和私人物品之间的商品或服务,兼有私人物品和公共物品的特征,只符合非排他性和非竞争性两者之一。

国家公园首要目标是生态系统的保护,该生态系统惠及普通大众,不能排除任何人从中获益，任何人的获益也不会使其他人的获益变少，如国家公园生态系统的生物多样性对人类的益处等。对照公共物品的标准，可以发现国家公园生态系统具有非排他性和非竞争性的特点，属于纯公共物品。国家公园科学研究因其特殊性，一般不具有竞争性，其产生的最终效益将惠及所有人，一般也不具有排他性，因此可视为纯公共物品。国家公园环境教育通常伴随游憩活动产生，与之具有相同的物品属性。在合理控制游人数量的前提下，如果不收费接近纯公共物品，如果收费实现排他则为准公共物品。

9.3 国家公园财政体制

财政体制即财政管理体制，是指中央政府制定的，用于处理中央与地方政府、地方各级政府之间划分财政收支范围和财政管理权责与权限的一项根本制度，它是各级政府、部门及预算内企事业单位财务分配活动的行为准则。国家的各项职能是由各级政府共同承担的，为了保证各级政府履行职能，就必须在中央与地方政府、地方各级政府之间，明确划分各自事权和财权。财政管理体制模式可分为集权型、分权型和混合型 3 种财政体制类型。集权型是把绝大部分财政职能都划归中央政府，可以集中力量解决社会经济发展的重大问题，便于统筹规划。分权型是把绝大部分财政职能和财政收入划归地方政府，仅把一小部分财政职能和财政收入划归中央政府，优点是有利于提高财政资金使用的效益，但难以解决公共商品的外部效应问题。混合型是指合理划分中央政府和地方政府的事权，克服了集权型模式过度集中和分权型模式过度分散的不足，并吸取了两者的优点。

按照国家公园“国家所有、全民公益、世代传承”的理念，并根据《国务院关于推进中央与地方财政事权和支出责任划分改革的指导意见》（国发〔2016〕49 号）中“要逐步将……全国性、战略性自然资源使用和保护等基本公共服务确定或上划为中央的财政事权”的要求，国家公园属全国性、战略性自然资源保护，其建设管理应由中央政府承担主要事权。按照《建立国家公园体制总体方案》国家公园分别采用集权型和混合型财政体制:由中央政府行使全民所有自然资源资产所有权的,中央承担事权和支出责任;委托省级政府代理行使全民所有自然资源资产所有权的,由中央和省级政府分别承担事权和支出责任;待条件成熟时,统一由中央政府承担事权和支出责任。《关于建立以国家公园为主体的自然保护地体系的指导意见》要求建立以财政投入为主的多元化资金保障制度,统筹包括中央基建投资在内的各级财政资金,保障国家公园等各类自然保护地保护、运行和管理。

9.4 国家公园资金保障

基于国家公园公益性和公共物品属性,其资金通过合理划分中央与地方政府事权,分别由中央和省级政府出资保障。其中,由中央政府直接行使全民所有自然资源资产所有权的国家公园支出,由中央政府出资保障;委托省级政府代理行使全民所有自然资源资产所有权的国家公园支出,由中央和省级政府根据事权划分分别出资保障。应加大政府投入力度,推动国家公园回归公益属性。可建立以中央财政投入为主、地方财政为辅的国家公园专项资金机制,以保障国家公园运营和维护所需资金,以及国家公园保护、规划建设管理和基础设施、公用服务设施建设等费用。

在政府投入基础上,建立以经营性收入、捐赠收入等多元资金渠道为补充的资金保障机制。国家公园要创新经营性收入,可通过交易、收费的方式提供相应价值和服务,从而获得收益,包括门票收入、特许经营收入、生态服务等。建立国家公园基金委员会,对国家公园所吸纳的捐赠款及投资收入进行统一管理。在确保国家公园生态保护和公益属性的前提下,探索多渠道、多元化的投融资模式,发行生态彩票、政府和社会资本合作(public-private partnership, PPP)模式项目融资、金融融资等方式,筹集生态建设资金。

9.4.1 政府生态保护资金

在国家公园试点阶段,由于缺乏专门的国家公园建设专项资金,国家公园建设可按照“政府主导、社会参与、市场运作”的原则,构建多元化资金渠道。中央政府可通过整合加大重点生态功能区转移支付、森林生态效益补助、草原生态保护补助奖励、湿地生态效益补偿、国家级自然保护区能力建设补助和江河湖泊生态环境保护资金等中央专项资金补助。地方政府可通过调整资金支出结构、统筹整合现有各类专项资金及安排专项补助的方式,弥补国家公园资金不足。

目前我国中央层面在自然生态保护领域的资金投入主要包括中央对地方政府转移支付和中央本级部门预算。中央对地方政府转移支付中,重点生态功能区转移支付由地方政府支配,可视为全部用于自然生态保护。专项转移支付包括天然林保护工程补助经费、中央财政林业补助资金、退耕还林工程财政专项资金、农业资源及生态保护补助资金、农田水利设施建设和水土保持补助资金、江河湖库水系综合整治资金、土壤污染防治专项资金、海岛和海域保护资金等。各专项资金也不一定完全直接用于自然生态保护用途。

中央本级部门预算支出中属于自然生态保护的支出包括自然生态保护、天然林保护、退耕还林 3 个科目的全部科目,以及林业(林业自然保护、动植物保护、湿地保护等)、国土事务(土地资源利用和保护、土地资源调查等)、海洋管理事务(海洋环境保护与治理)、农业(水土保持、水质监测等)、城乡社区管理事务(国家重点风景区规划与保护)等部门预算中的部分科目内容。

在国家公园相关管理法规、机制逐步完善和规范,国家各级财政投入逐步加大的情况下,实施以中央政府财政拨款为主,地方财政投入为辅,社会积极参与的多渠道资金筹措保障机制,中央财政应建立国家公园专项资金,保障国家公园的建设、保护、管理等。

9.4.2 经营性收入

经营性收入是指商品生产经营者在生产经营和管理活动中所获得的一种收益。在国家公园管理方面,国家公园经营性收入是指国家公园管理机构在管理过程中通过经营获得的收益,主要包括门票收入、停车费收入、旅游产品收入、特许经营收入等。经营性收入用于国家公园管理、运营及维护。

以美国为例,其经营性收入中最大的一项为游憩收入(大部分是门票收入),2016 年该项收入约 2.3 亿美元;其次是特许经营收入,是由游客服务特许经营商向美国国家公园管理局缴纳的年费,美国国家公园管理局 2016 年的特许经营费收入总额约为 0.97 亿美元;此外,还包括营房收入、公园建筑物租赁收入、商业拍摄使用费收入等。俄罗斯国家公园经营性收入占其总收入的 15%左右,主要包括木材和木质产品销售收入、土地出租租金、门票收入、酒店和停车场收入、自然博物馆门票收入、交通设施收入、钓鱼许可费、体育和狩猎收费、休闲资源设施使用费、纪念品和印刷品销售收入、固定资产出租收入、科研服务合同项目收入、农产品销售收入、育种中心和农场收入、环境活动和夏令营收入、其他收入等。巴西国家公园经营性收入相当于当年总收入的 16.5%左右,主要来自于对游客收取的各种费用,包括门票、特许经营费和各种服务费。南非国家公园经营性收入占其总体收入的比例较大,旅游业是收入的主要来源,其次是保护费用和公园门票、通卡(wild card)等。

9.4.3 门票

门票通常是由商业活动的主办方或者旅游景点的管理方负责发行制作、销售并监管使用的一种有价票证。对于国家公园而言,门票收入是其经营性收入的主要来源,对国家公园经费起一定的贴补作用,其管理应采取收支两条线,用途只可用于国家公园的生态保护和管理。例如,2017 年福建省出台的《武夷山国家公园试点区财政体制方案》明确了试点区内原属风景名胜区管理委员会的风景名胜区门票收入等相关收入作为省本级收入,严格按照国家和省里有关政策规定纳入预算管理,直接上缴省级财政。

在推动国家公园公益性,加大政府投入力度的要求下,国家公园门票不应成为大众平等享用公共自然资源的过滤性门槛,而是应充分体现公益性、公平性和公共性。例如,美国黄石国家公园门票收费标准为每车 25 美元,雪地摩托或摩托车每辆 20 美元,或每人 12 美元(15 岁及以下免费),并可在 7 天内随意出入黄石公园和大蒂顿国家公园(Grand Teton National Park);同时,针对不同人群,推出年卡、跨园年卡、老年年卡和残疾人年卡等优惠卡制度。黄石公园“以人为本”的门票收费规则保证了公众对资源的公平使用，真正落实了将国家公园作为公共旅游资源服务于全体国民。门票只作为象征性的收费甚至免费的美国国家公园运行制度，已成为世界各地国家公园管理体制的典范。

此外，实施门票预约制是有效限制国家公园人数的重要手段。严格根据计算的环境容量、资源环境承载能力和监测结果，随时发布预告，防止超过游客容量，对国家公园自然资源和生态环境保护具有重要作用。

9.4.4 PPP 模式

PPP 模式是政府与社会资本的合作模式，主要核心特征在于 3 个方面：第一，以政府公共组织与私人社会组织为主体，这实质是一种全新的合作关系，将政府与社会组织置于平等对话的平台；第二，以提供公共服务为目的，PPP 模式的设计就是为了弥补传统政府组织在提供公共服务时的缺陷，使公共服务能够满足大多数人的需求；第三，以利益共享、风险共担为运行机制，利益共享是吸引更多私人社会组织加入该模式的激励机制，使私人社会组织在有利可图的基础上提供公共服务，而风险共担则是对利益共享的补充。PPP 模式中的私人社会组织具有与政府组织同等的地位，不仅能与政府组织分享利益，同时也需要共同承担风险。可以说，这是 PPP 模式区别于一般政府与社会合作形式的主要特征，因为 PPP 模式中的私人社会组织是独立的利益与风险承担体。

PPP 模式的提出，实际上是对现有政府组织融资模式、管理模式及社会治理模式的重要创新，是社会治理理论与契约理论相结合的重要思想产物。因此，将 PPP 模式引入现有的国家公园建设中，形成政府组织、社会组织之间共同建设国家公园的合作关系，对国家公园的体制改革与深入发展有一定的现实意义，既能够刺激社会公众参与国家公园建设的积极性，又可以有效弥补政府建设国家公园职能的欠缺性，社会组织的参与能够很好地对政府的行政职能进行监督，从而和政府一起促进国家公园的建设与不断完善。

9.4.5 特许经营

特许经营是指特许者将自己所拥有的商标(包括服务商标)、商号、产品、专利和专有技术、经营模式等以特许经营合同的形式授予被特许者使用，被特许者按合同规定，在特许者统一管理下从事经营活动，并向特许者支付相应的费用。

特许经营分为商业特许经营和政府特许经营，涉及国家公园特许经营，仅是指政府特许经营。政府特许经营是PPP模式的一种形式，指政府依法授权法人或其他组织，通过协议明确权利义务和风险分担，约定其在一定期限和范围内投资建设运营基础设施和公用事业并获得收益，以提供公共产品或公共服务。特许经营权是指国家公园管理机构以外的任何一方开展经营所需的租约、执照、地役权或许可。

特许经营授权形式包括拍卖、招标、意向书、直接授予受影响的社区或回应某个主动提出的申请，也包括其他形式的授予，如为期一天的一次性拍摄、5年期限的漂流指导合同、多年的酒店建设经营等。

特许经营活动范围包括广泛的访客服务，如向导式徒步旅行、登山等，也包括住宿设施、交通服务、商业教育、体育赛事等，还包括放牧、通信设施、观赏动物等。

特许经营可帮助实现很多目标，包括创造收入、促进经济和农村发展、管理过度利用及不良影响、加强资源保护，以及改善国家公园内部及周边居民的经济状况。

运行良好的特许经营可以为国家公园带来以下益处：确保开发与国家公园保护管理目标一致；提供国家公园管理机构提供不了的额外访客服务；扩展服务对象范围，并补充管理机构提供的服务；为管理机构提供收入，从而再投入到保护或访客服务项目；帮助访客更深入地欣赏和了解某一特定国家公园及保护工作，由此为更广泛的保护计划获取进一步的支持；把国家公园作为访客目的地进行营销和推广；为国家公园提供额外的保护力量，可以帮助减少生态环境破坏活动；提高国家公园的经济价值；改善国家公园内部及周边原先弱势的社区；通过创造就业机会、提高技术和为当地社区提供资金的方式促进可持续发展、减轻贫困；支持直接有益于国家公园的保护项目或社会项目；为国家公园管理机构发展盟友，共同全力保护。

9.4.6 国家公园基金

国家公园基金是指资助与国家公园保护管理相关的各类活动的资金。为建立健全国家公园多元化的资金保障机制，可以成立国家公园基金管理机构，搭建社会参与平台，充分利用社会资源，多渠道筹集国家公园保护管理资金，统一接受和管理企业、非政府组织、个人等为国家公园捐赠的资金，资助与国家公园相关的各类公益活动及项目。

国际上，美国、南非等国家均建立了国家公园基金会或保护信托基金等形式的公募基金会，接受并管理国家公园的各项捐赠资金。美国国家公园管理局国家层面的捐赠和慈善活动由国家公园基金会管理，该基金会于1970年由美国国会特许设立为管理局的私人资金募集部。依据法规，内政部长为国家公园基金会董事会主席，国家公园管理局局长担任董事会的财务主管，董事会的其他成员则由美国各行各业的代表组成，协助基金会募集资金。国家公园基金会只能为国家公园管理局批准的项目募集私人资金。

在我国，青海省探索建立了三江源生态保护基金会，通过《三江源国家公园社会捐赠管理办法》明确了基金会接受社会参与三江源国家公园建设募捐资金的程序、使用和管理，设立了三江源国家公园捐赠财务专户。

9.4.7 生态彩票

相关研究将生态彩票定义为：国家支持社会环保事业而特许专门机构垄断发行，供人们自然选择和购买，并事先公布规划，公众取得中奖权力而国家进行募款的有价凭证。生态彩票应包含3个基本特征：是国家行政机关发布的有价证券；具有慈善和公益性质，筹集的公益金将用于生态建设；不具有强制性，公众可以自愿购买，以此参与国家生态建设。目前，生态彩票在我国仍处于理论研究阶段，若发行，可以解决我国生态环境保护建设资金短缺、资金来源单一的问题，为我国包括国家公园在内的生态建设提供有力资金保障，并成为宣传生态环境保护意识的新渠道。

发行绿色债券已在欧美地区特别是北欧地区广泛实施，成为生态环境保护重要且稳定的融资渠道，生态彩票是其中一种重要方式。英国发行的一款低碳环保彩票，通过网络销售，所获得的彩票公益金除了用于支付资金和彩票本身的运营宣传之外，全部用于修复植被、植树造林等低碳减排事业。在日本，也有专门为灾后生态重建发行的公益性彩票，广泛调动社会资金参与生态重建。

9.5 国家公园支出结构

国家公园资金支出应主要用于国家公园人员经费、运行经费、调查规划、资源保护、设施建设、生态移民、专项经费、生态补偿、科学研究、宣传教育、社区发展等方面。国家公园在每年度初应就上述项目费用进行成本预算。明确划分中央与地方财政事权与支出责任。其中，人员经费、运行经费应由国家财政负责保障；调查规划、资源保护、生态移民、生态补偿、社区发展应由国家和地方财政根据事权和支出责任共同负担；对于设施建设、宣传教育、科学研究等方面的资金，在财政支出的前提下，可将门票与商业活动、社会捐赠、融资贷款等资金来源作为有益的补充；保护相关的经费与专项基金须做到专款专用，不能随意挪用于其他目的。

9.6 国家公园资金管理

(1)财务管理制度：指建立预决算管理制度、会计核算制度、现金管理制度、结算管理制度、基本支出管理制度、项目资金支出管理制度、政府采购管理制度、财务内部控制制度等系列管理制度。

(2)资金台账制度：指建立资金台账制度，记录国家公园资金收入、支出情况明细。收入主要包括财政拨款、经营性收入、社会捐赠及融资等。

(3)资金报账制度：指统一采用资金报账制度，对资金的来源、使用、节余及使用效率、成本控制、利益分配等做出详细计划，如实提供完整的财务账目、凭证、报表和相关资料。有关管理人员和财务人员要严格把关，杜绝不合理的支出入账，保障资金充分合理的使用。

(4)专项资金管理制度：指加强和规范专项资金管理，保障财政资金安全，提高财政资金使用效益，规范使用财政资金。专项资金应当纳入预算进行管理，实行科学民主决策、公开透明运行、绩效考评和责任追究制度。

(5)资金审计和监督：指建立健全外部财务监督和内部财务约束相结合的监督机制，把国家公园各项财务活动纳入法制化轨道。内部设立资金使用管理监督部门，负责资金使用情况的核查、审计和监督。通过对预算编制和执行过程中财政法规、政策贯彻情况及资金运用和管理过程的监督，认真分析考核财务状况、建设成果及资金变动情况。外部建立第三方监督机制，加强社会投资或捐赠的管理，坚持公开、公正、透明、高效的资金使用原则。加强国家公园资金信息公开，每年向社会公开国家公园的预算计划和年终财务报告。针对社区的补偿性资金也要向居民公开补偿依据和标准。

(6)收支两条线管理：指具有收费和罚款没收职能的部门和单位，根据国家法律、法规和规章应收取的行政事业性收费(基金、附加)和罚没收入，按规定委托指定代收银行代收代缴或由执收执罚单位直接收取，并全额上缴国库或预算外资金财政专户；部门和单位的人员经费、公用经费和办公所需的特殊经费等，由财政部门根据实际情况纳入本级综合财政预算统筹安排。《建立国家公园体制总体方案》提出国家公园实行收支两条线管理，各项收入上缴财政，各项支出由财政统筹安排，并负责统一接受企业、非政府组织、个人等社会捐赠资金，进行有效管理。建立财务公开制度，确保国家公园各类资金使用公开透明。

10 社区发展与社会参与

10.1 社区共建共管

10.1.1 原住民

国际上关于原住民的描述源于殖民统治时期的土著居民，主要指土生土长在某特定部落的居民，大多是少数民族聚居区或是部落文化繁衍区。国家公园的原住民主要指在国家公园内及其周边生活的原住居民，主要生产和生活资料来自国家公园中的土地、森林、水、野生动植物等生态系统各部分资源。在原住民中，存在着集体社区，有稳定的社区裙带关系，且原住民的社区划分是按照行政区域来划分的。从国家公园原住民的构成要素上来看，可以借助聚落、域面和天然联系来进行分析。

首先，国家公园原住民聚落指生活在国家公园内及周边区域的社区居民聚集点，主要是原住民的聚居区。原住民的生产生活都以居住地为轴心对周围的自然资源进行利用和保护。通过聚居区，原住民可以与更大范围内的区域中心建立联系，进行商品交换，为更大的区域提供各种生态服务功能，且不局限于本社区，还可以与国家公园周边其他社区建立联系。

其次，国家公园原住民域面指紧密包围着原住民聚居区的生态系统，包括国家公园内和周边的土地、森林、水、野生动植物、高山等不同的生境。正是这些国家公园内和周边的自然资源，为原住民提供了良好及多样的生态服务，包括基本生活必需品等。

最后，国家公园原住民的天然联系可以理解为国家公园原住民与国家公园生态系统的关系。包括如何保护和利用当地的自然资源和生态环境；国家公园为原住民提供什么样的生态服务功能；原住民面对国家公园内及周边自然资源的认知和态度等。

10.1.2　社区

从广义范围上讲，国家公园社区指国家内部及周边所有相关社区。这些社区可以是自然村落，也可以是商业街区或小城镇。从狭义范围上讲，国家公园社区特指国家公园内部的乡村社区（图 10-1）。

图 10-1　祁连山国家公园境内的康乐镇赛鼎村

10.1.3　协议保护

协议保护是生物多样性保护的新模式，其概念是由保护国际（conservation international，CI）提出的。协议保护机制是在不改变土地所有权的前提下，从国家公园的所有权、经营管理权中分离出一个保护权，然后以协议的方式固定保护和经营等权利和义务，移交给承诺保护责任的社区及一切愿意承担保护的组织机构，以激励机制鼓励社会广泛参与，并达到有效保护目标。

10.1.4　生态管护公益岗位

生态管护公益岗位是生态保护和民生改善相结合的体制机制创新，是生态保护的重要力量。在国家公园中，根据生态保护需求，面向国家公园劳动力设置生态管护公益岗位，并支付其报酬。管护员主要负责对国家公园内的湿地、河流水源地、林地、草地、野生动物进行日常巡护，开展法律法规和政策宣传，发现报告并制止破坏生态行为，监督生态保护措施的实施情况。

10.2 社区发展

10.2.1 生态补偿

生态补偿作为对生态保护行为的激励，通过受益者将其所受益的生态利益向生态保护者付费，使生态利益受益者与生态利益提供者之间的利益得以平衡。具体来讲，生态补偿是平衡生态保护者的经济利益和生态受益者的生态利益，促进生态受益者对生态保护者进行补偿，激励生态保护者的积极环境保护行为，从而为整个生态系统带来正外部性，保障整个生态系统的持续发展。

国家公园的发展需要依赖具有平衡生态利益和经济利益功能的生态补偿。生态补偿可以平衡国家公园区域内与区域外的生态利益。如果国家公园区域内主体积极履行生态保护行为或为了保护生态而产生牺牲行为，并由此带来具有正外部性的生态利益，那么生态补偿即要求国家公园区域外的受益主体为其受益行为付费，由此平衡国家公园区域内与区域外的生态利益。生态补偿可以平衡国家公园区域内与区域外的经济利益。《建立国家公园体制总体方案》将国家公园界定为《全国主体功能区规划》(国发〔2010〕46 号)中的禁止开发区域，即禁止不符合主体功能定位的开发活动，由此也使划为禁止开发区域的国家公园丧失了大规模经济开发的机会，进而使其经济利益受损。但是，国家公园以外的优先开发区域由此而获得发展带来的新的经济利益。因此，国家公园区域外的受益主体通过付费补偿国家公园区域内主体因保护生态而受损的经济利益，有利于实现国家公园区域内外的经济利益平衡。

生态补偿一般有 2 种财政转移支付手段：一种是由中央政府主导的传统纵向转移支付(详见 9.4.1)；另一种是由自然资源消费地区和生态系统服务受益地区直接向资源产地或生态服务功能区进行转移支付，即横向转移支付。目前，对口支援省内流域生态补偿是我国横向转移支付的雏形。

10.2.2 产业转型

产业转型是指在一个国家或地区的国民经济主要构成中，产业结构、产业规模、产业组织、产业技术装备等发生显著变动的状态或过程，也指一个行业内资源存量在产业间的再配置，也就是将资本、劳动力等生产要素从衰退产业向新兴产业转移的过程。

国家公园的产业转型是指在国家公园内将对自然环境影响较大的产业，通过转变生产方式、更新技术装备等，转型为对自然环境影响较小、绿色可持续发展的产业。对国家公园中的产业转型，应根据当地资源优势、发展现状和政策导向，通过政策及资金支持，引导发展绿色低碳产业。调整第一产业，鼓励发展生态农业、生态林业和生态牧业等；限制发展第二产业，严格限制加工业等产业，制定加工业外迁鼓励和补偿政策；积极引导发展第三产业，引导居民参与国家公园的保护管理和特许经营。

10.2.3 就业引导

就业引导可分为狭义的就业引导和广义的就业引导。狭义的就业引导是给要求就业的劳动者传递就业信息，建立劳动者和用人单位沟通的桥梁。广义的就业引导则包括预测要求就业的劳动力资源，社会需求量，汇集、传递就业信息，培养劳动技能，组织劳动力市场，以及推荐、介绍、组织招聘等与就业有关的综合性社会咨询、服务活动。

国家公园的就业引导是与产业转型密不可分的。国家公园应建立就业引导培训机制，成立就业培训管理机构，整合和利用区域内现有的职业培训资源，搭建就业平台。结合国家公园管理目标和就业目标，制定相应的管理制度和职责服务规范。与养殖、种植专业机构合作，向社区居民及时提供技术、资金等信息，创造就业机会，改善就业环境。完善培训体系，进一步提高社区居民的知识文化水平和就业能力。发展多种培训方式，建立国家公园社区就业与培训师资源库，并不断吸纳新鲜成员补充师资力量。制定培训就业监督规范，对培训项目、设施、培训时间、资金使用、培训内容等进行定期检查和监督，确保国家公园就业培训能切实提升社区居民的就业能力。

10.2.4 入口社区

入口社区是指国家公园周边的社区，在决策方面与国家公园存在共同的利益。入口社区可向公园游客提供食宿等服务，也可为职工住房提供场地，并可为公园管理部门购买必需品和服务提供便利条件。

10.2.5 特色小镇

按照《开展特色小镇培育工作的通知》(建村〔2016〕147 号)，特色小镇是指产业形态特色鲜明、环境美丽并和谐宜居、彰显传统文化特色、设施服务便捷完善、体制机制充满活力的建制镇。特色小镇由住房和城乡建设部、国家发展改革委员会和财政部 3 个部委共同负责组织培育。《国家特色小镇认定标准》指出：小城镇的特色可简单概括为产业特色、风貌特色、文化特色、体制活力等。

《建立国家公园体制总体方案》中提到："周边社区建设要与国家公园整体保护目标相协调，鼓励通过签订合作保护协议等方式，共同保护国家公园周边自然资源。引导当地政府在国家公园周边合理规划建设入口社区和特色小镇。"国家公园特色小镇的内涵不仅是"区内游、区外住"的升级版，更是生态文明制度综合改革的试验区和国家公园产品品牌增值体系的基地。在国家公园特色小镇中，经过筛选的第一产业产品按照品牌体系的要求被生产出来，在第二产业被深加工，部分产品被当地第三产业消纳，其他在外部市场销售，产品可包括农副产品、民宿、工艺品等，跨越第一、二、三产业，并且可以在综合的旅游产业中整合，即三次产业通过旅游串联起来。

10.2.6 生态产业

生态产业是指按生态经济原理和知识经济规律组织起来，基于生态系统承载能力、具有高效的经济过程及和谐的生态功能的网络型、进化型产业。它通过 2 个或 2 个以上的生产体系或环节之间的系统耦合，使物质、能量能多级利用、高效产出，资源、环境能系统开发、持续利用。生态产业以生态学理论为指导，其本质在于将生态工程的方法应用于各产业中，突出了整体预防、生态效率、环境战略、全生命周期等重要概念，模拟自然生态系统建立一种高效的产业体系，满足可持续发展的要求。

国家公园的生态产业是以国家公园资源保护为前提，根据当地相关产业发展而进行的产业集成。例如，武夷山国家公园体制试点区的面积主体即自然保护区，在保护好生态的前提下，以茶产业为核心连带发展了观光、茶产业体验和民宿等。

10.3 社会参与

10.3.1 志愿者

志愿者是一个没国界的名称，指一个群体或组织在不为任何物质报酬的情况下，以促进公共利益为工作导向，提供多元的服务，发挥人道的功能，将人民的需求传递给政府，监督政府政策，并提供政策分析与专业技能，建构早期的预警机制，协助监督与执行国际协定。

国家公园的志愿者是指为国家公园管理、保护等活动提供无偿服务并不以取得报酬为条件的人。国家公园作为一项新兴的事业，从长远来讲，国家公园管理体系的建设和完善需要开放的环境和系统，因此必然也需要志愿者的广泛参与(图 10-2)。

图 10-2　美国落基山国家公园志愿者

10.3.2 志愿服务

志愿服务是指在不求回报的情况下，为改善社会，促进社会进步而自愿付出个人的时间及精力所做出的服务工作。我国台湾地区对志愿服务的定义是：民众出于自由意志，非基于个人义务或责任，秉诚心以知识、体能、劳力、经验、技术、时间等贡献社会，不以获取报酬为目的，以提高公共事务效能及增进社会公益所为之各项辅助性服务。

志愿服务在国家公园发展中的作用体现在以下方面：同社区居民的交流，增加不同群体间的相互理解；通过志愿者经历增加对国家公园的理解；能够深入了解国家公园建设管理需求，将具有创新的构想适时传递给政府，运用舆论或游说等行动促成政府寻求改善措施。

10.3.3　社会组织

社会组织是指以某种社会福利目标为宗旨，从事非营利性活动的社会团体（表 10-1）。20 世纪末期以来，社会组织作为国际环保事业的重要参与者，在国际舞台上非常引人注目，在国际自然保护地建设管理领域更是扮演着相当重要和活跃的角色，对全球自然保护地的发展和实施起到了不可替代的作用。

表 10-1　全球主要国际社会组织

主要国际社会组织	简要介绍
世界自然保护联盟（International Union for Conservation of Nature，IUCN）	该联盟历史悠久，1948 年成立于瑞士格兰德，是政府及非政府机构都能参与合作的少数几个国际组织之一；该组织每 3 年召开一次世界自然保护大会（World Conservation Congress）；该组织宗旨为影响、鼓励及协助全球各地的社会，保护自然的完整性与多样性，并确保使用自然资源的公平性及生态的可持续发展
世界自然基金会（World Wide Fund for Nature，WWF）	该基金会是在全球享有盛誉的、最大的独立性非政府环境保护机构之一；该组织的标志为大熊猫，其使命是遏止地球自然环境恶化，创造人类与自然和谐相处的美好未来，保护世界生物多样性，确保可再生自然资源的可持续利用，推动降低污染和减少浪费性消费
全球环境基金（Global Environment Fund，GEF）	该基金是 1990 年联合国发起建立的国际环境金融机构，由联合国开发计划署、联合国环境规划署和世界银行管理，其中联合国开发计划署负责设施的建造、目标研究、投资前的工作及技术援助；基金的宗旨是以提供资金援助和转让无害技术等方式，帮助发展中国家实施防止气候变化、保护生物物种、保护水资源、减少对臭氧层的破坏等保护全球环境的项目

续表

主要国际社会组织	简要介绍
大自然保护协会 (the Nature Conservancy, TNC)	该协会是1951年成立的全球最大的国际自然保护组织之一，总部设在美国华盛顿；该协会致力于在全球范围内保护具有重要生态价值的陆地和水域，以维护自然环境、提升人类福祉，坚持采取合作而非对抗性的策略，用科学的原理和方法来指导保护行动；该协会注重实地保护，遵循以科学为基础的保护理念，在全球围绕气候变化、淡水保护、海洋保护及保护地四大保护领域，首创“自然保护系统工程”(conservation by design，CbD)方法，甄选出优先保护区域，因地制宜地在当地实行系统保护；该协会提供注重实效、非对抗性的解决方案，融入项目地社区之中，应对各种自然保护问题，是众多公共、私人组织可信赖的顾问和合作伙伴；该协会关注全球性的重大环境问题，与世界银行、联合国等机构进行合作，力争取得影响深远的保护成效；该协会在我国探索国家公园建设初期发挥了重要作用
绿色和平组织 (Greenpeace)	该组织是国际非政府组织，也是全球最有影响力的环保组织之一，于1979年正式成立，总部设在荷兰阿姆斯特丹，前身是1971年9月15日在加拿大成立的“不以举手表决委员会”；该组织使命为保护地球、环境及其各种生物的安全及持续性发展，并以行动做出积极的改变；该组织继承了创始人勇敢独立的精神，坚信以行动促成改变，不论在科研或科技发明方面，均提倡有利于环境保护的解决办法，旨在促进实现一个更为绿色、和平和可持续发展的未来，同时通过研究、教育和游说工作推动政府、企业和公众共同寻求环境问题的解决方案；该组织在我国的环保项目包括致力于减缓由燃烧煤、石油和天然气等化石燃料造成气候变化的气候与能源项目，致力于消除有毒污染物的污染防治项目，以及森林保护项目等

续表

主要国际社会组织	简要介绍
地球之友 (Friends of the Earth)	该组织于1983年在香港创立，是著名的环境非政府组织之一；该组织自成立以来，一直坚守使命，捍卫公众利益，维护环境公义，不屈不挠地推动环保，反对扩充发电厂、滥用杀虫剂、侵占郊野土地，关注过度消费、城市空气污染、水质污染、填海和环境管理失误等问题；该组织与其他环境组织一样，近年来也改变了就环境问题谈环境的做法，转而将环境问题与社会问题及发展问题联系起来，既扩大了活动领域，又扩大了影响

10.3.4 公众参与

公众参与(public participation 或 public involvement)是指社会公众、社会组织、单位或个人作为主体，在其权利义务范围内，通过一定的程序或途径参与国家公园规划、设立、管理及资源管理制度的制订等具体活动，并使该项活动和政策既符合公众的切身利益，又有利于国家公园的发展。

国家公园管理保护工作是一个复杂的系统工程，所包含的国家公园规划和设立、国家公园管理和保护补偿等具体活动都涉及当地政府、社区、游客、宗教信徒等多个利益相关体。与国际上的国家公园发展趋势一致，我国各级政府也应是国家公园的主导力量，如果国家公园设立过程中的权属问题没有得到足够的重视，国家公园利益相关方的利益没有得到足够的考量，那被排斥在国家公园之外的各利益相关方将无法了解自身在自然保护中的权利和义务，而且原有的经济活动和经济收益都将受到影响，国家公园和相关利益者的矛盾和冲突就无法避免。因此，协调不同利益群体的关系，促进公众参与保护工作，共同探索保护和发展的新途径，对于国家公园的有效保护具有重要意义。

强化国家公园公众参与，应建立国家公园志愿者服务机制，形成全民参与国家公园建设管理的模式；建立大专院校与科研机构参与保护与合作管理机制，搭建双方协作发展合作平台；制定协议保护机制，详细规定保护组织与决策、管护、激励约束等制度；建立完善公开透明的社会监督机制，促进国家公园建设的健康发展；成立高素质管理和专业人才队伍，协助解决国家公园建设过程中存在的问题，为后期国家公园的管理提供长期、可持续的技术支持。

专栏 10-1 巴美猴群的守护者——巴美村

巴美村位于云南省德钦县，这里生态系统完整，生物多样性丰富，是野生动植物的天堂。由于历史原因，这里曾经盗猎盗伐现象严重。为保护巴美猴群，巴美村村民们从 1990 年开始自发组织巡山。2013 年在白马雪山国家级自然保护区管理局德钦分局的协助下，才正式成立巴美村“塔玖野生动植物保护协会”。巴美村两个社 25 户共 128 人中有 87 人参加了该协会，设立了会长一名，副会长两名，理事三名。按受教育程度，该协会平均文化水平只有小学文化，但是在他们的守护下，巴美猴群由 1990 年的 160 多只，繁衍到 300 多只。

10.3.5 社会捐赠

社会捐赠是社会组织或个人将所属资产无偿地捐献给国家公园的行为。社会捐赠作为社会财富的第三次分配，是第一次分配、第二次分配的重要补充，能调节收入分配和增进社会公平，在现代社会发展过程中具有重要意义。国家公园的公益属性决定它可以接受企业、非政府组织、个人等社会捐赠资金，是公众参与国家公园建设的重要途径之一。目前，三江源国家公园已制定完成《三江源国家公园社会捐赠管理办法》，明确了三江源生态保护基金会接受社会参与三江源国家公园建设募捐资金的程序、使用和管理等内容。武夷山国家公园也建立起了武夷山国家公园社会捐赠机制。

10.3.6 科研合作

国家公园建设发展中的科学规划、生态保护、科研监测、社区发展、机制创新等在很大程度上要依赖大专院校与科研机构的参与合作。建立大专院校与科研机构参与保护和合作管理机制，搭建双方协作发展合作平台，可为国家公园全方位的发展提供强有力的科技支撑和服务。国家公园可为大专院校和科研机构提供有利于科学研究的良好平台，同时也可通过大专院校和科研机构积极引进国内外先进的科技理念、科技创新成果，提升科学化管理水平，促进科学管理，实现以科技促发展的目标。

10.3.7 国家公园人才教育培训基地

国家公园的建设和管理要重视人才的培养、引进和发展。应成立高素质管理和专业人才队伍，吸收来自全国生态、资源、社会、经济、教育、旅游等多领域的科研学者和管理专家，同时吸收国家公园所属行政区内多年从事相关领域具有丰富经验的专家加入，协助解决国家公园建设过程中存在的问题，对拟出台的政策、规划、制度设计给予技术咨询，并为后期国家公园的管理提供长期、可持续的技术支持。

10.4 人类生产生活管控

10.4.1 生态移民

生态移民是一种特殊的移民类型，有广义和狭义之分。就广义生态移民而言，是指由于生态环境和其他因素共同作用而出现的人口迁移现象；从狭义上来说，生态移民特指为了保护修复具有特殊价值的生态区域系统而出现的人口迁移现象。中国生态移民是与环境变迁有关的政府主导型的移民搬迁过程，该过程有两个特征，即政府主导，以及从移民主体来说是一种被动的非自愿性移民。

国家公园的生态移民应在国家公园总体规划的指导下，通过制定村镇规划，实施社区发展项目，合理配置资源，协调好居民生产生活和资源保护的关系，建立“布局合理、规模适度、减量聚居、环境友好”的新型国家公园居民点体系，将保护与利用相结合，维持生产、环境和就业均衡，最终实现社区生态经济的可持续发展。例如，东北虎豹国家公园在总体规划的指导下，按照分区管控要求，结合精准扶贫和小城镇建设，编制生态移民安置专项规划，将核心保护区和恢复扩散区内的村屯居民和林场居民逐步迁出国家公园。对东北虎豹国家公园的建设，最理想的状态是为东北虎、东北豹提供良好生态环境，实现原住居民和谐生存，在人与虎、豹中间找到平衡点。

10.4.2 资源限制性利用

国家公园以保护自然生态为主要目的，园内资源限制性利用以保护所有者合法权益为基础。国家公园内资源利用的矛盾主要集中在土地资源、水电资源、矿产资源等的开发利用，涉及自然资源所有者的合法权益问题。

目前在国家公园体制试点方面，吉林省对东北虎豹国家公园体制试点区承包经营活动进行严格规范，对到期的承包经营项目，一律暂停发包；对没有到期的经营项目，加强日常监管，最大限度降低人为干扰，有效改善了东北虎、东北豹的生存活动空间。四川省暂停受理大熊猫国家公园体制试点区内核心保护区、生态修复区的新设探矿权、开矿权等审批，积极探索已设矿业权的有序退出机制，除国家和省级已规划的重大基础设施项目外，林业和草原部门暂停受理核心保护区、生态修复区内征占用林地、林木采伐等审批。

10.4.3　土地流转

土地流转是指土地使用权流转。土地使用权流转是指拥有土地承包经营权的农户将土地经营权（使用权）转让给其他农户或经济组织，即保留承包权，转让使用权。土地流转可以通过转包、转让、入股、合作、租赁、互换等方式出让经营权，鼓励农民将承包地向专业大户、合作社等流转，发展农业规模经营。

专栏 10-2　《青海省草原承包经营权流转办法》简介

2016 年，青海省政府审议通过了《青海省草原承包经营权流转办法》，主要规定了 4 个方面的内容：①草原承包经营权流转管理和服务；②草原承包经营权流转权利和义务；③规范草原承包经营权流转程序；④解决草原承包经营权流转纠纷。

该办法的出台，为加快青海省草原承包经营权流转步伐、规范管理流转行为提供了重要的行政管理依据。

11 生态旅游及环境教育

11.1 生态旅游

11.1.1 生态旅游

生态旅游是由世界自然保护联盟于 1983 年首先提出的。1993 年，国际生态旅游协会（the International Ecotourism Society，TIES）将其定义为“具有保护自然环境和维护当地人民生活双重责任的旅游活动”。生态旅游以可持续发展为理念，以保护生态环境为前提，以统筹人与自然和谐发展为准则，并依托良好的自然生态环境和独特的人文生态系统，采取生态友好的方式，开展生态体验、生态教育、生态认知。可见，生态旅游具有两个特征，即生态旅游的物件是自然景观，以及生态旅游的物件不应受到损害。

11.1.2 全域旅游

全域旅游是指在一定区域内，以旅游业为优势产业，通过对区域内经济社会资源尤其是旅游资源、相关产业、生态环境、公共服务、体制机制、政策法规、文明素质等进行全方位、系统化的优化提升，实现区域资源有机整合、产业融合发展、社会共建共享，以旅游业带动和促进经济社会协调发展的一种新的区域协调发展理念和模式。

在全域旅游中，各行业积极融入其中，各部门齐抓共管，全城居民共同参与，充分利用目的地全部的吸引物要素，为前来旅游的游客提供全过程、全时空的体验产品，从而全面地满足游客的全方位体验需求。全域旅游所追求的，不再停留在旅游人次的增长上，而是追求旅游质量的提升、旅游对人们生活品质提升的意义，以及旅游在人们新财富革命中的价值。

2018 年，国务院办公厅印发了《关于促进全域旅游发展的指导意见》（国办发〔2018〕15 号），提出：发展全域旅游要坚持统筹协调、融合发展，因地制宜、绿色发展，改革创新、示范引导的原则，将一定区域作为完整旅游目的地，以旅游业为优势产业，统一规划布局、优化公共服务、推进产业融合、加强综合管理、实施系统营销，不断提升旅游业的现代化、集约化、品质化、国际化水平，更好满足旅游消费需求。

11.1.3 访客

国家公园访客是指出于休闲、教育或科研目的而实地参观公园的任何人，或不论身在何处（如通过互联网、图书馆等）使用国家公园讲解和教育服务的人。

对于国家公园来说，游客（tourist）和访客（visitor）是有区别的。游客没有使命感，在国家公园内只是普通的观光和游览，并不去深入了解其历史和价值；而访客极具使命感，对自己的行为负责，乃至承担一些管理的职责。

11.1.4 访客管理

访客是国家公园服务的直接对象，是购买或享用公园产品的顾客（图 11-1），但在国家公园管理中不应有“顾客就是上帝”的理念。过度的、缺乏管理的访客活动会对国家公园环境造成破坏作用或产生负面影响。因此，访客的行为方式、访客流量和方向的控制便成为国家公园可持续建设的关键所在。

图 11-1 美国迪纳利国家公园的骑行者

很多发达国家在国家公园访客管理方面有着丰富的经验。例如，加拿大国家公园管理局在理论层面上在全国范围内普遍引进访客活动管理程序（visitor activity management process，VAMP）模式，以确定公园内适当的访客活动、基础设施和服务项目。加拿大国家公园管理局强调要把社会科学信息，以及自然与文化信息纳入到访客活动管理程序模式的访客活动预测方面；为掌握访客活动的真实情况，要建立游客活动信息库，并保证信息库数据及时更新。在管理策略方面，管理机构应用了一系列直接或间接的访客管理策略：直接策略包括限定访客数量、限制访客活动类型和强制实施某项法令；间接策略包括以独特方式设计访客设施、发布公园信息和启动成本恢复机制。在应对访客的需求方面，加拿大国家公园管理局明确提出，不能全部满足访客提出的所有活动项目请求；每一个国家公园必须严格按照分区方案，根据具体情况提供适当的户外活动机会。美国林务局20世纪80年代开始应用的游憩机会谱（recreational opportunity spectrum，ROS）、90年代开始使用的可接受改变极限（limits of acceptable changes，LAC），以及美国国家公园管理局采用的访客影响管理模型（visitor impact management model，VIMM）都是美国国家公园访客管理思想的探索。美国国家公园管理局颁布的《美国国家公园管理政策》认为，让美国公民享受到国家公园的资源和价值是建园的基本宗旨之一；美国国家公园管理局应达到的目标是为公园内能展示非凡自然、文化资源的游憩形式提供机会，并听取地方、州、部落和其他联邦机构及私人产业、非政府组织的建议，满足更多元的游憩需求和需要。此外，澳大利亚在20世纪90年代后期也开始应用旅游管理优化模型（tourism optimization management model，TOMM），探索有益的访客管理框架，以期使访客体验品质最大化，同时支持区域总体管理目标的实现。

国内自然保护地的规范、条例、标准等都有涉及访客管理的内容，主要包括访客容量、游憩区划、游憩活动及路线、访客禁止行为、访客监测及安全等。《国家公园体制试点区试点实施方案大纲》（发改办社会〔2015〕708号）中明确规定："拟制定旅游游憩管理机制、门票预约制度与价格机制、游客量控制与行为引导机制、解说教育推广机制。"为此，三江源、武夷山等国家公园体制试点区对访客机制进行了初步探索。三江源国家公园在访客承载量研究的基础上，合理确定访客承载数量，制定访客管理目标和年度访客计划，对访客实行限额管理和提前预约制度。建立访客控制引导机制，指引访客按规划路线、指定区域开展相关活动。加强救护、安保、环保等服务队伍和设施的建设，建立灾害和医疗等救助应急体系，确保访客安全。实行专业引导体验，防范采摘野生植物和向野生动物投喂食物，引导访客成为保护者。在法律层面，制定《三江源国家公园访客管理办法》，构建依法有序的国家公园访客管理制度。武夷山国家公园本着价值原则、统筹原则和谱系原则 3 项游憩机会规划原则，综合考虑国家公园价值载体的空间布局、国家公园已有旅游活动分布、社区活动分布、国家公园分区规划及分区管理政策、不同访客类型的多样需求，设计访客体验线路，并制定线路管理措施。

11.1.5 生态体验

生态体验是指人置身于一定的生态关系及生态情境之中，在生态互摄的状态下全息感受、理解和领悟自然之美，领略保护自然的重要性的环境伦理教育过程。国家公园的生态体验以生态保护参与、环保志愿服务等形式开展，其目的是促进生态保护和全民共享(图 11-2)。

图 11-2 在落基山国家公园作画的画家

11.1.6 游憩机会谱

游憩机会谱是美国林务局和土地管理局的研究者为解决不断增长的游憩需求和使用稀缺资源之间的冲突，在立法机关的指示下研究产生的。游憩机会谱理论是一种对旅游地进行分类的方法，通过结合环境（自然、社会、管理）、游客体验、旅游地的游憩活动，将旅游地划分为不同的机会类别（等级）以提供不同的旅游活动。

美国国家林务局综合游憩活动、环境和体验确定了原始（primitive）、半原始无机动车（semi-primitive non-motorized）、半原始有机动车（semi-primitive motorized）、通路的自然区域（roaded natural）、乡村（rural）、城市（urban/developed）6个游憩机会序列。

（1）原始区域：指相对大规模的未被开发的环境。使用者之间的相互作用非常低且其他使用者出现的迹象很少。管理上，区域没有对使用者的约束和控制。区域内不允许使用机动车辆。

（2）半原始无机动车区域：指中等到较大规模、自然或自然特征为主的环境。使用者之间的相互作用很低，但经常有其他使用者的迹象。管理上，可能存在最低的现场控制和约束。区域内不允许使用机动车。

（3）半原始有机动车区域：指中等到较大规模、自然或自然特征为主的环境。游客集聚程度低，但经常有其他使用者的迹象。管理上，可能存在最低的现场控制和约束。区域内允许使用机动车。

（4）通路的自然区域：指自然特征为主的区域，有中等程度的人类迹象，但与自然环境相协调。使用者之间的相互作用是从较低到中等程度，但其他使用者的出现很普遍。资源的改变和利用很明显，但与自然环境相协调。为机动车的使用提供标准的建设道路和设施。

（5）乡村区域：以改变的自然环境为主。资源的改变和利用是为了扩展特殊的游憩活动和保护植被土壤。人类迹象非常明显，使用者之间的相互作用从中等到高。在非热点区域为中等游客密度。为大量游客的使用设计了许多设施，并经常为了特殊活动提供设施。为密集的机动车使用提供设施和停车场。

（6）城市区域：以城市环境为主，尽管背景可能有一些自然环境要素。资源的改变和利用是用来扩展特殊的游憩活动。植被通常是外来物种且被修剪。在游憩区人类的迹象明显。在景点和周围有大量的使用。为高度密集的机动车使用提供设施和停车场。公共交通系统可以载游客进入游憩地点。

针对中国国家公园而言，根据其偏远程度、自然化程度、游客密度、管理强度，可将国家公园所在区域划分为从原始至乡村的5个等级：Ⅰ级为乡村区域；Ⅱ级为乡村、服务接待区域；Ⅲ级为半原始、一般利用区域；Ⅳ级为半原始、限制接待区域；Ⅴ级为原始、禁止利用区域(表11-1)。

(1)Ⅰ级(乡村区域)：远离国家公园出入口，交通系统完善。自然化程度很低，人工建筑和设施极多。由于游客在该区域出现较少，因此其受到旅游产业辐射效应的影响较小。该区域生产的农产品(蔬菜、家禽等)、非木质林产品(竹笋、茶叶)很大一部分销往Ⅱ级乡村、服务接待区域和Ⅲ级半原始、一般利用区域。

(2)Ⅱ级(乡村、服务接待区域)：毗邻国家公园出入口，可能分布在国家公园周边地区，也可能分布在国家公园内部。位于国家公园周边的区域交通方便，公交系统完善，自然化程度低，人工建筑和设施很多，游客密度高，常见大量的旅游团队和散客；位于国家公园内的区域人工建筑和设施相对较少，主要是原汁原味的村寨和民居，以展示原住民的建筑、生产、生活习俗为主，游客密度较小，旅游团队一般不会在此停留，以自助游散客较为常见。该区域安全、巡护、宣传等管理人员很常见。

(3)Ⅲ级(半原始、一般利用区域)：毗邻国家公园出入口或者位于公园内主要的交通节点。自然化程度较高，分布有比较完善的服务中心和大中型停车场，是国家公园内游客的主要集散中心，道路普遍硬化或者是用生态材料铺装。游客密度大，常见大型旅游团队，相遇水平高，出现在该区域的游客为一般的游览观光型游客。该区域安全、巡护、宣传等管理人员最为常见。

(4)Ⅳ级(半原始、限制接待区域)：远离国家公园出入口。自然化程度很高，人工建筑和设施极少，植被和景观原始，自然、人工痕迹少，铺装道路所占比例少。该区域游客密度小，以生态旅游者为主，游客稀少，遇见程度低，管理人员较少。

(5)Ⅴ级(原始、禁止利用区域)：远离国家公园出入口。自然化程度极高，人迹罕至，通常无任何游憩设施，也无游客步道。除科研人员和森林巡护人员外，通常禁止游客进入探险，以保护生态系统的多样性和原真性，避免对生态系统的演替过程形成干扰。

表 11-1　中国国家公园游憩机会谱

等级	Ⅰ	Ⅱ	Ⅲ	Ⅳ	Ⅴ
区域	乡村区域	乡村、服务接待区域	半原始、一般利用区域	半原始、限制接待区域	原始、禁止利用区域
自然化程度	自然化程度很低，人工建筑和设施极多，经过人工改造，植被经人工修剪，维护的痕迹很重，有水泥铺装路面	自然化程度低，人工建筑和设施很多，植被经人工修剪，维护的痕迹很重，有水泥铺装路面	自然化程度高，人工建筑和设施较多，植被人工抚育痕迹轻，有低标准的、自然式铺装的道路和小径	自然化程度很高，人工建筑和设施少，植被和景观原始，自然、人工痕迹少，铺装道路所占比例少	自然化程度极高，无人工建筑和设施，植被和道路均为自然状态，无铺装的路面
偏远程度	远离国家公园出入口，交通系统完善	离国家公园出入口很近，交通方便，公交系统完善	位于国家公园出入口和节点，交通比较方便，内部公交为主	远离国家公园出入口，交通不太方便，无公交	远离国家公园出入口，交通很不方便，无公交
游客密度	游客密度较低，与其他游客相遇水平低，无团队，无喧嚣	游客密度很高，随处可见，游客集中，有很多团队，喧嚣	游客密度高，相遇水平偏高，有较多大团队	游客密度低，游客接触水平低，很少遇见大的团队，安静，远离喧嚣	游客很少，游客接触水平很低，安静，远离喧嚣
管理强度	对游客的约束较少，管理人员少，设施和服务完善，有大型停车场等设施，允许机动车进入	对游客的约束和要求较少，管理人员较多，有大中型停车场等设施，允许机动车进入	对游客的约束和要求较多，管理人员最多，有基本的设施和服务，但数量较少，只允许内部车辆进入	对游客的约束和要求极多，管理人员较少，有少量基础设施和服务，不允许车辆进入	对游客的约束和要求很多，管理人员极少，无基本的设施和服务，禁止车辆进入

11.2 旅游活动管控

11.2.1 旅游环境容量

旅游环境容量又称旅游生态容量(ecological carrying capacity of tourism),是指在对一个旅游点或旅游区环境不产生永久性破坏的前提下,其环境空间所能接纳的旅游者数量。游客对游览点环境的影响主要表现为对动植物的破坏,故旅游环境容量即在对动植物不产生永久性危害前提下的游客数量。而对一个拥有各项旅游设施的旅游区来讲,容量的确定不仅要考虑游览点的容量,还要考虑整个旅游区的环境承受力。旅游环境容量是一个可变因素,在不同的技术、管理条件下,容量有所不同,而有力的管理可扩大其环境容量。

国家公园应因地制宜地采用科学的方法测算其游客数量,有限制性地开发旅游活动,使国家公园的生态效益、经济效益、社会效益得到充分的发挥。美国《国家公园和游憩法案》要求美国国家公园管理局必须将容量管理事项纳入公园总体管理规划中。为此,美国国家公园管理局的研究人员提出了游客体验和资源保护(visitor experience and resource protection, VERP)理论,作为制定容量政策的规划框架,同时也是一种监测和管理工具。

11.2.2 旅游环境承载力

旅游环境承载力的概念体系可以归纳为数值型旅游环境承载力概念体系和指标型旅游环境承载力概念体系。

在数值型旅游环境承载力概念体系(图 11-3)中,旅游环境承载力是指在自然环境系统、经济环境系统和社会环境系统保持完整并处于理想状态下,旅游目的地为达到最佳游客体验所承载的最大游客数量或游客密度,往往以游客日容量、月容量或者年容量等数值来表示,而这种理想状态则以环境系统的物理结构为基准,结合历史经验数据或者专家意见,参考游客体验价值大小,对其进行界定。

在指标型旅游环境承载力概念体系(图 11-4)中,旅游环境承载力是指在保持旅游系统内部要素,以及由外部自然环境、经济环境和社会

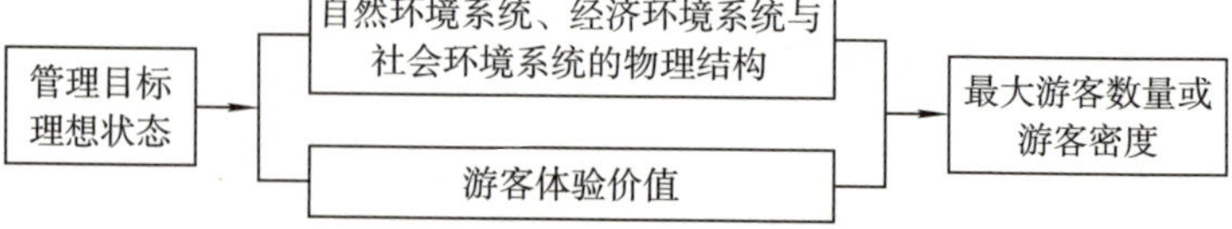

图 11-3　数值型旅游环境承载力概念体系

环境要素综合而成的旅游环境复合指标变量系统处于理想状态下，旅游景区、旅游城市等旅游目的地为实现旅游满意度、旅游经济效益或旅游生态效益最大化所承载的旅游活动量的阈值区间。这里旅游环境承载力是一个相对的概念，是现实状态与理想状态的比较分析，具有空间特征和时间特征，需要一定的假设条件，不仅关系到旅游环境系统内部容纳能力，而且涉及旅游环境相关的经济环境、社会环境和生态环境对旅游活动的承受能力。这里所说的理想状态是通过旅游环境复合指标变量系统的指标标准来加以体现的，而旅游活动量的阈值区间通常是综合指标的合理数值范围或者是旅游环境系统限制性要素的极限值。

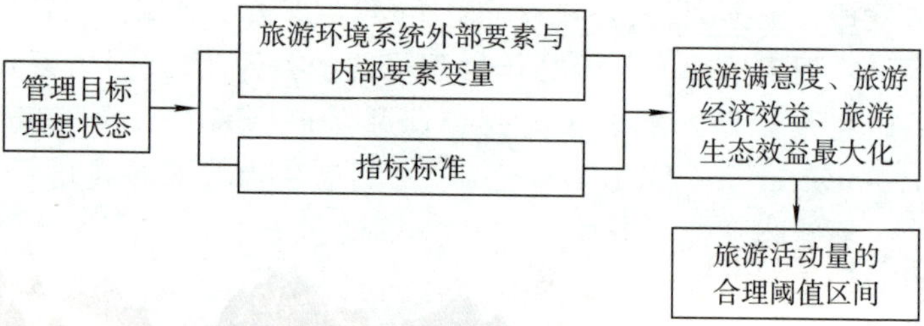

图 11-4　指标型旅游环境承载力概念体系

建立国家公园的目的是加强国家自然生态保护，维护国家生态安全，而不是旅游开发。如果抱着以旅游开发为主要目的，必然适得其反，对自然生态造成无法估量和无法挽回的破坏。这就需要坚持"生态保护第一"的原则，在保护好自然资源的前提下，综合考虑国家公园生态承载力，适度、有限地利用国家公园资源，努力将国家公园打造成自然资源保护、人与自然和谐的典范，并探索可持续发展的新路子。

11.2.3　旅游发展规划

旅游发展规划是指根据旅游业的历史、现状和市场要素的变化所制定的目标体系，以及为实现目标体系在特定的发展条件下对旅游发展的要素所做的安排。

11.3 环境教育

11.3.1 环境教育

环境教育是指以人类与环境的关系为核心，以解决环境问题和实现可持续发展为目的，以提高人们的环境意识和有效参与能力、普及环境保护知识与技能、培养环境保护人才为任务，以参与保护、专题培训、全民教育等为手段展开的社会实践活动过程，是以人类与环境的关系为核心而进行的一种教育活动。

从实现途径来看，环境教育大体可以分为正规环境教育和非正规环境教育。正规环境教育是指学校里面进行的环境教育，它通过正式的教学计划，在课堂上对学生进行系统的环境知识和实践教育，包括向学生灌输环境保护知识、形成正确的价值观、解决环境问题的技能等。非正规环境教育是指除了学校教育以外其他机构和组织所进行的环境教育。与正规环境教育相比，非正规环境教育实施的对象范围较广泛，实现途径也多种多样。非正规环境教育强调“通过环境的教育”，结合各种有效的环境手段，如广播、电视、广告、宣传册，以及到各国家公园等自然环境中旅行、实地考察等，通过自身经历，强化环境教育。而国家公园正是非正规环境教育的一种重要实施途径。

国家公园的环境教育是通过教育活动普及生态知识，使公众对国家公园生态环境的现状、生态问题产生的原因、解决生态问题的对策等有更多的认识和了解，唤醒人们的生态意识，从而吸引地方居民和其他各方面力量，共同解决国家公园生态问题，促进生态系统的良性循环，保证地方生态经济的可持续发展。

很多国外的国家公园都有着丰富的解说教育经验。例如，美国国家公园管理局针对各个国家公园编写了不同的环境教育与解说规划，每个公园还设有解说和教育部门并配有专职人员；此外，该局还针对不同的对象开展了各有特色的教育项目（表 11-2）。加拿大国家公园管理局的环境解说与教育中心分布在各个公园内，公园必须设有解说部门并配有专职人员，提供解说员培训与认证、设施规划与维护；加拿大国家解说协会有 6 000 多名专业会员，提供解说规划、解说培训等专业认证。此外，英国、德国、日本、澳大利亚等国家的环境教育与解说协会同样历史悠久，具有权威性（图 11-5）。

图 11-5 美国迪纳利国家公园的学生活动手册

表 11-2 美国国家公园管理局开展的部分环境教育项目

对象	项目名称	项目内容
针对青少年（小于 18 岁）	让每个孩子都探索公园（Every Kid in Park）	该项目主要针对四年级学生；国家公园管理局每年向四年级学生提供通行证，借此让每个孩子去探索他们的国家；四年级学生可在监护人（父母、家人、老师）的陪同和带领下，一整年免费参观美国所有的国家公园；相关教师也可以下载相关的活动指南，作为带领学生游览国家公园的教学材料，内容包括学习目标、核心技能、材料、练习等；此外，如需要乘坐火车还可享受适当的折扣

续表

对象	项目名称	项目内容
针对青少年（小于18岁）	青少年保护组织（Youth Conservation Corps）	该项目主要对象为15～18岁青少年；项目内容主要是参与国家公园自然、文化和历史遗迹等资源的保护工作
	青少年解说员（Scout Ranger）	该项目主要对象为7～18岁青少年；项目旨在激发青少年的国家公园意识，让他们探索国家公园，从中学习如何保护自然和文化资源；项目内容包括教育活动和志愿服务活动；若要获得教育资格证书，青少年必须在一个或多个国家公园参加至少5个小时的教育活动训练，教育活动训练项目有解说旅游、高级解说员计划、环境教育计划，以及国家公园管理局、任何其他官方教育计划
	女童子军计划（Girl Scout Ranger Program）	该项目主要对象是5～18岁女子青少年；项目由美国女童子军组织和国家公园管理局合作开展；女童子军可以参加国家公园的志愿服务工作，了解和保护公园的资源，也可以与国家公园工作人员合作开发一些活动项目
针对年轻人（大于18岁）	拉丁美洲遗产实习计划（Latino Heritage Internship Program）	该项目主要对象为18～35岁成年人；项目旨在培养年轻人管理自然文化资源的能力，提高其生态环境保护意识，促进国家公园自然文化资源的利用
	学生和应届毕业生就业之路（Pathways for Students and Recent Graduates）	该项目旨在为学生和应届毕业生提供在联邦政府实习和就业的机会；项目包括3个时期的服务计划，分别是实习计划、应届毕业生计划和总统管理研究院计划

我国自然保护地的环境教育研究起步晚、数量少，一般只在旅游规划研究的专著中涉及部分原理与方法的说明，研究深度不足、研究体系不完善。此外，我国的自然保护地管理者、公众乃至专家、学者对环境教育的价值都缺乏必要的认识，这严重制约了环境教育的发展。现有

的生态旅游环境教育解说系统专业化程度也普遍较低，有些内容甚至缺乏科学性。

总体来说，我国自然保护地环境解说与教育现状存在以下问题：机构和公众对环境解说与教育缺乏认识和重视；缺乏基于深入研究的环境解说规划，内容简单，缺乏系统性；环境解说形式极其单调；只有简单的解说，缺乏环境教育活动组织。造成这些问题的原因也可大致分为两个方面：一方面旅游价值观缺乏变迁、更新；另一方面体制僵化粗放，缺乏实施环境解说与教育的能力。

我国国家公园体制试点建立之初，就对环境教育体系进行了积极的探索。例如，武夷山国家公园体制试点基于国家公园价值，采用多种手段和技术，从解说教育目标、原则、主题、方式等 4 个方面规划武夷山国家公园解说教育系统，以满足不同访客的需求，宣传国家公园的生态和文化价值。

11.3.2 解说

解说是指一种揭示自然资源意义、信息及与人类关系的交流过程，旨在最终改变游客行为。解说的核心要义是揭示意义和关系的教育活动，是艺术，是对信息的进一步揭示，是鼓励而不是说明，同时强调解说必须将地方或主题与游客体验相结合(图 11-6)。

图 11-6　美国迪纳利国家公园的宣传栏

11.3.3 解说系统

解说系统是指通过运用沟通媒体帮助游客了解特定信息，达到保护资源、服务和教育的基本功能，从而进一步实现游客、社区和管理部门之间的互动交流。世界旅游组织也指出解说系统是旅游目的地诸要素中十分重要的组成部分，是使旅游目的地的教育功能、服务功能、使用功能得以发挥的必要基础，是管理者管理游客的手段之一。国家公园的解说系统是指在国家公园内建立的由解说信息及信息传播方式组成，通过合理配置、有机组合形成的体系。解说系统应由解说信息、讲解员、解说设施等基本要素和解说中心组成。

11.3.4 环境解说员

环境解说员是指具有能动性的，专门向游客进行主动、动态的信息传导的人员，提供的服务主要包括咨询服务、定点解说、解说式演讲、说明式演讲、带队解说、现场表演等。

咨询服务主要在入口咨询处、游客中心等地，为游客提供一般性的旅游服务和相关解说，属于基本的服务型解说。定点解说通常是指在游客聚集、使用率比较高的地方，安排固定的环境解说员为游客提供非正式的个人解说。解说式演讲可以发生在任何一个地方，通常在相对正式的礼堂、户外剧场、博物馆和游客中心入口处进行，较不正式的演讲通常以现场解说的方式在历史景区、考古景区和自然景区进行；解说式演讲仅使用解说员的语言表达来传递信息，因此解说员的知识、技巧是成功演讲的主要因素。说明式演讲涵盖解说式演讲的所有要素，除了解说员的语言表达以外，还要加入视觉辅助，如幻灯片、小道具、图表、黑板和张贴画等，使得演讲更生动有趣、更容易被游客理解和接受。带队解说是指由环境解说员带领游客沿事先计划好的路线行进，并对沿线参观点或现场出现的动植物加以解说，多见于西方国家的探险体验性生态旅游中。现场表演是通过舞蹈、戏剧、趣味活动等方式，对某一主题进行解说，让游客身临其境地感受当地的历史、文化或战争等故事。

11.3.5 解说牌

解说牌是解说服务物品中最重要的一种，可以方便游客，使他们能够通过自己的阅读，了解自己感兴趣的内容。解说牌可分为指导类、管理类、教育类 3 种。

指导类解说牌主要为人口标志、欢迎标志、指示标志等，多放置于公园或景区入口、道路分岔口等(图 11-7)。

图 11-7　美国迪纳利国家公园的解说牌

管理类解说牌主要用于向游客标示法规或规章的明示、警告、限制或禁止旅客的活动等。此类解说牌在公园中常见的形式为标示着“注意防火”“爱护绿化、保护环境”或“禁止吸烟”等内容的指示牌，对公园的保卫、绿化美化、游园秩序等起到很好的管理作用。

教育类解说牌包括公园中的树木名牌、景区说明等，对游客起教育或说明的作用，使游客在游玩过程中不仅加深了对景区的了解，还获得各方面的知识，有寓教于乐的功能。在广州市公园中较为常用的是树木名牌，通常挂于树木主干，内容主要为与该植物有关的知识，如主要特征、种类等。而景区说明多设置于主要景点处，如能仁寺门口售票处的景区解说等。

11.4 基础设施

基础设施(infrastructure)是指为社会生产和居民生活提供公共服务的物质工程设施，是用于保证国家公园内社会经济活动正常进行的公共服务系统。主要包括：界标、界碑、界桩、标示牌等标识设施；管护站、科研中心宣教中心、社区服务站、智慧国家公园、监测信息管理系统、国家公园地理信息系统、林火障碍物等管护设施；游客中心、生态旅游管理站、休憩设施、商业设施等旅游设施；环保设施；安全设施、医疗急救设施等安全救护设施。

11.4.1 界标

界标是指确定边界走向和具体位置的实物标志。应在国家公园边界、功能区界限、生态保护红线上设置界标。

11.4.2 界碑

界碑或称界石，是一种碑形的界标，用于辨别一个地区与另外地区之间的边界位置和走向。国家公园界碑是标明公园界区的一种标示，应在国家公园区界与进出国家公园的主要道路相交处设立明显的界碑(图 11-8)。

图 11-8 钱江源国家公园界碑

11.4.3 界桩

界桩是指桩形的界标。应在国家公园各功能分区之间的区界上设立界桩(图 11-9)。

图 11-9　云南省白马雪山国家级自然保护区界桩

11.4.4　标示牌

标示牌是指用以标识的指示牌，上面有文字、图案等内容，起到指明方向和警示的作用(图 11-10)。国家公园中常见的标示牌有公益标牌、文化标牌、指示标牌、警示标牌。国家公园的标示牌应设立在国家公园的一般出入口处、国家公园内居民点和人为活动频繁处，也可根据管理需要在相应的地点设立标示牌。

图 11-10　部分外国国家公园标示牌

11.4.5 管护站

管护站是指保护国家公园内生物多样性和珍稀自然遗迹，维护生态平衡的站点。管护站应负责国家公园自然生态系统保护、生物物种保护、自然保护宣传教育等。管护站应设置于国家公园内或靠近保护现场及周边村镇。其建设以管理办公用房为主，其他配套设施从简（图 11-11）。

图 11-11 芒康滇金丝猴国家级自然保护区帮达乡红拉山管护卡站

11.4.6 科研中心

科研中心是指国家公园开展常规科学研究及实验的场所，具备科研档案储存、科研成果查阅和展示等功能。科研中心应包括标本室、实验室、展览陈列室、办公室、资料室、档案室、计算机室、会议室和值班室等(图 11-12)。

图 11-12　美国迪纳利国家公园的科学与学习中心

11.4.7 宣教中心

宣教中心是指集中进行解说、展示、宣传、教育的场所。宣教中心应包括展示厅、多功能媒体室、培训中心、会议室等。根据教学实习、培训等的需要，宣教中心应设置于国家公园游憩展示区或传统利用区，或是在游客活动集中地区与游客中心合建(图 11-13)。

图 11-13　美国迪纳利国家公园的博物馆

11.4.8　社区服务站

社区服务站是指当国家公园内居民点较多，对资源依赖程度高、以农业为主要产业的社区设置的，以提高社区居民文化与文明素质、社区群众对国家公园建设的认知及从业技能等为目标的服务站。社区服务站应包括社区文化教育室、技术推广室及项目管理办公室等。

11.4.9　智慧国家公园

智慧国家公园是指运用先进技术和设施，达到监控网络化、分析智能化、存储高效化、信息共享化、管理精细化、服务便捷化的高水平国家公园。

《三江源国家公园总体规划》中提出："运用先进技术和设施，充分利用有关公共基础设施和既有资源，引用社会力量，集约建设'智慧国家公园'。"通过"互联网＋"和立体化感知、大数据决策、协同化办公、云信息服务等技术，建立较为完善并与城镇共享的信息基础设施，发挥云计算和大数据中心的技术优势，利用可视化管理和智能应用平台，达到监控网络化、分析智能化、存储高效化、信息共享化，实现国家公园的智能化、信息化、精细化管理。

11.4.10　监测信息管理系统

监测信息管理系统是指以计算机技术和数据库技术为核心，管理大量国家公园监测信息和数据储存的信息系统。利用国家公园监测信息管理系统可以加强对监测数据的处理，快速有效地对环境进行准确监测。该系统主要包含监测仪器层、数据采集层、数据库层、功能模块层及操作界面层。

11.4.11 国家公园地理信息系统

地理信息系统（geographic information system，GIS）是一种决策支持系统，是以地理空间数据库为基础，采用地理模型分析方法，适时提供多种空间和动态的地理信息。地理信息系统在国家公园的应用就是开发出一系列程序来帮助公园建立地理信息系统数据库，并可以为地理信息系统使用者提供专门技术以对公园管理进行决策。国家公园中使用地理信息系统的目的是提供可用的地理数据和信息。例如，在美国夏威夷火山国家公园中，将濒临灭绝的珍稀植物和无脊椎动物的分布图与植被分布图、岩浆流动图和气候图叠加，得到栖息地分布图，再从满足标准的区域中，挑选出相应物种的潜在栖息地分布图。在三江源国家公园中，针对其生态环境现状，选择生态敏感性和生态弹性作为评价指标，结合层次分析法和主成分分析法确定各评价指标权重，构建生态环境脆弱性评价指标体系，运用地理信息系统技术，对该国家公园生态环境进行脆弱性分析和评价。

11.4.12 林火障碍物

林火障碍物是指国家公园内能阻隔林火蔓延的带状障碍物或屏障，具体包括林火阻隔带和林火阻隔网等。

林火阻隔带是指国家公园内所有由人工开设或自然形成的，规格符合规定标准，能有效阻隔林火蔓延的障碍物或屏障。林火阻隔带可分为自然阻隔带、工程阻隔带、生物阻隔带和组合阻隔带。自然阻隔带是指由一种自然障碍物组成的林火阻隔带，包括水体、沟壑、沙丘、石滩、森林等。工程阻隔带是指通过人工措施，由一种无生命的障碍物组成的林火阻隔带，包括防火线、生土带、防火沟、防火墙等。生物阻隔带是指通过人工措施，由生物障碍物组成的林火阻隔带，包括防火林带、防火草带等。组合阻隔带是指由 2 种或 2 种以上林火障碍物组成的林火阻隔带。

林火阻隔网是指国家公园被林火阻隔带分割切块后形成的多个各自独立封闭又有联系的阻火网。具体包括地上林火阻隔网和地下林火阻隔网。地上林火阻隔网由能有效阻隔地表火和林冠火蔓延的各种林火阻隔带形成。地下林火阻隔网由能有效阻隔地下火蔓延的各种林火阻隔带形成。

11.4.13　访客中心

访客中心是国家公园对外形象展示的主要窗口，它通过各类专用的技术性媒介，帮助访客初步了解国家公园的整体空间格局和独特的自然、人文价值(图 11-14、图 11-15)。

图 11-14　美国落基山国家公园的访客中心

图 11-15　武夷山国家公园的访客中心

11.4.14　生态旅游管理站

生态旅游管理站是指为适应游憩活动管理需要，在国家公园游憩展示区单独设置的管理站（图 11-16）。

图 11-16　美国迪纳利国家公园游客服务中心

11.4.15　休憩设施

休憩设施是指为满足游客在游憩活动中休息、观景等的需求，根据实际需要在合适的地点设置的休憩厅、观景廊台及桌椅等设施。

11.4.16　商业设施

商业设施是指在国家公园传统利用区及游憩展示区内建设的特许经营所需设施，包括餐饮设施、住宿设施、交通设施、购物点及摄影点等（图 11-17）。

11.4.17　环保设施

环保设施是指国家公园内保持环境卫生的设施，包括垃圾存放场及处理设施、公共厕所、生活污水处理设施等（图 11-18）。

11.4.18　安全设施

安全设施是指在国家公园游览过程中用于确保游人安全的设施。安全设施一般应设置在各种游人集中并易发生跌落、淹溺等人身事故的地段，以及园区地形险要的地段、有猛兽出入的区域、溶洞等地区。

图 11-17 美国迪纳利国家公园的公园收费巴士及巴士站

11.4.19 医疗急救设施

医疗急救设施是指为满足游客急难救助需要，在游客活动相对集中、容易出现突发事故的地方设置的带有明显标志的急救设施。根据国家公园规模和游客量差异，可以设置一个综合的应急处理中心，也可以设置多个急救站。

图 11-18　美国迪纳利国家公园的防熊垃圾箱

12 国际公约、法律法规及标准

12.1 国际公约

目前，与自然保护地建设管理有关的国际公约主要包括《生物多样性公约》《联合国气候变化框架公约》《京都议定书》《联合国防治荒漠化公约》《保护世界文化和自然遗产公约》等。

12.1.1 生物多样性公约

《生物多样性公约》(Convention on Biological Diversity)于1992年6月1日由联合国环境规划署发起的政府间谈判委员会第七次会议在肯尼亚内罗毕通过，并于1992年6月5日由缔约方在巴西里约热内卢举行的联合国环境和发展大会上签署。该公约于1993年12月29日正式生效，其常设秘书处在加拿大蒙特利尔。联合国《生物多样性公约》缔约方大会是全球履行该公约的最高决策机构，一切有关履行《生物多样性公约》的重大决定都要经过缔约方大会的通过。

《生物多样性公约》是一项有法律约束力的公约，旨在保护濒临灭绝的植物和动物，最大限度地保护地球上多种多样的生物资源，以造福于当代和子孙后代。该公约规定，发达国家将以赠送或转让的方式向发展中国家提供新的补充资金，以补偿它们为保护生物资源而日益增加的费用，并应以更实惠的方式向发展中国家转让技术，从而为保护世界上的生物资源提供便利；缔约方应为其境内的植物和野生动物编目造册，制订计划保护濒危的动植物；建立金融机构以帮助发展中国家实施清点和保护动植物的计划；使用另一个国家自然资源的国家要与自然资源被使用的国家分享研究成果、盈利和技术。

12.1.2 联合国气候变化框架公约

《联合国气候变化框架公约》(United Nations Framework Convention on Climate Change)是1992年5月9日联合国政府间谈判委员会就气

候变化问题达成的公约,该公约于1992年6月4日在巴西里约热内卢举行的联合国环境和发展大会(地球首脑会议)上通过。《联合国气候变化框架公约》是世界上第一个为全面控制二氧化碳等温室气体排放,以应对全球气候变暖给人类经济和社会带来不利影响的国际公约,也是国际社会在应对全球气候变化问题上进行国际合作的一个基本框架。

12.1.3 京都议定书

《京都议定书》(Kyoto Protocol),其全称为《联合国气候变化框架公约的京都议定书》,是《联合国气候变化框架公约》的补充条款,于1997年12月在日本京都由《联合国气候变化框架公约》第三次缔约方会议制定。其目标是将大气中的温室气体含量稳定在一个适当的水平,进而防止剧烈的气候改变对人类造成伤害。

12.1.4 联合国防治荒漠化公约

《联合国防治荒漠化公约》(United Nations Covention to Combat Desertification)全称为《联合国关于在发生严重干旱和(或)沙漠化的国家特别是在非洲防治沙漠化的公约》,于1994年6月7日在法国巴黎通过,并于1996年12月正式生效。其宗旨是在发生严重干旱和(或)荒漠化的国家,尤其是在非洲,防治荒漠化,缓解干旱影响,以期协助受影响的国家和地区实现可持续发展。

12.1.5 保护世界文化和自然遗产公约

《保护世界文化和自然遗产公约》(Convention Concerning the Protection of the World Cultural and Natural Heritage)于1972年11月16日在法国巴黎举行的联合国教育科学文化组织大会第十七届会议上通过。其管理机构是联合国教育科学文化组织的世界遗产委员会。该公约主要规定了文化遗产和自然遗产的定义,文化和自然遗产的国家保护和国际保护措施等条款。规定各缔约方可自行确定本国领土内的文化和自然遗产,并向世界遗产委员会递交其遗产清单,由世界遗产大会审核和批准。凡是被列入世界文化和自然遗产的地点,都由其所在国家依法严格予以保护。规定各缔约方本国领土内的文化和自然遗产的确定、保护、保存、展出和遗传后代,主要是有关国家的责任;

该国将为此竭尽全力，最大限度地利用本国资源，必要时利用所能获得的国际援助和合作，特别是财政、艺术、科学及技术方面的援助和合作；各缔约方不得故意采取任何可能直接或间接损害本公约领土内的文化和自然遗产的措施。

12.1.6 濒危野生动植物物种国际贸易公约

《濒危野生动植物物种国际贸易公约》(Convention on International Trade in Endangered Species of Wild Fauna and Flora，CITES)于1973年6月21日在美国华盛顿签署，因此又称《华盛顿公约》。该公约于1975年7月1日正式生效。该公约的精神在于管制而非完全禁止野生物种的国际贸易，用物种分级与许可证的方式，达成野生物种市场的永续利用。该公约管制国际贸易的物种，归类成3个附录。附录Ⅰ的物种为若再进行国际贸易会导致灭绝的动植物，明确规定禁止其国际性的交易；附录Ⅱ的物种则为目前无灭绝危机但管制其国际贸易的物种，若仍面临贸易压力，族群量继续降低，则将其升级入附录Ⅰ；附录Ⅲ是各国视其国内需要而区域性管制国际贸易的物种。

12.1.7 关于特别是作为水禽栖息地的国际重要湿地公约

《关于特别是作为水禽栖息地的国际重要湿地公约》(Convention on Wetlands of International Importance Especially as Waterfowl Habitat)简称《湿地公约》，于1971年2月2日由来自18个国家的代表在伊朗拉姆萨尔共同签署，因此又称《拉姆萨尔公约》。《湿地公约》旨在保护全球湿地及湿地资源，其确定的国际重要湿地，是在生态学、植物学、动物学、湖沼学或水文学方面具有独特国际意义的湿地。《湿地公约》致力于通过国际合作实现全球湿地保护与合理利用，已成为当今国际上重要的自然保护公约和具有较大影响力的多边环境公约之一。1996年10月该公约第十九届常委会决定将每年2月2日定为“世界湿地日”。中国1992年加入《湿地公约》，截至2017年，已指定国际重要湿地57块。

12.1.8 联合国海洋法公约

《联合国海洋法公约》(United Nations Convention on the Law of the Sea)指联合国曾召开的3次海洋法会议，以及1982年第三次会议所决议的海洋法公约。在中文语境中,《联合国海洋法公约》一般是指1982年的决议条文。该公约对内水、领海、临接海域、大陆架、专属经济区、公海等重要概念做了界定,对当前全球各处的领海主权争端、海上天然资源管理、污染处理等具有重要的指导和裁决作用。

12.2 国家公园等自然保护地立法的国际借鉴

12.2.1 美国国家公园相关法律法规

美国的法律体系自上而下包括5个层次,即宪法(constitution)、成文法(statute)、习惯法(common law)、行政命令(executive order)和部门法规(regulation)。美国国家公园立法全面,有24部针对国家公园体系的国会立法及62种部门法规、行政命令和标准,各个国家公园还均有专门法,形成了较为完整的法律体系。概括而言,美国国家公园的法律体系可以分为《国家公园基本法》及各国家公园的授权法、单行法、部门规章及其他相关联邦法律几个层次。

1916年美国国会颁布了《国家公园基本法》,它是国家公园体系中最基本、最重要的法律规定。随着美国国家公园体系的不断扩大和国家公园种类的日趋多样化,1970年,美国国会修改了《国家公园基本法》。该修正案指出:"从1872年设立黄石国家公园后,国家公园体系不断扩大,包括了美国每一个主要区域杰出的自然、历史和休闲地区……这些地区虽然特征各异,但是由于目标和资源的内在关系被统一到一个国家公园体系之中,即它们任何一处都是作为一个完整的国家遗产的累积性表达……本修正案的目标是将上述地区扩展到体系之中,而且明确适用于国家公园体系的权限。"同时规定,每一个国家公园单位不仅要执行各自的授权法和《国家公园基本法》的要求,而且要执行其他针对国家公园体系的立法。20世纪70年代中期,由于红杉树等国家公园面临来自公园边界外围的资源破坏威胁,为了加强美国内政部部长保护公园资源的权力,同时也为了保护国家公园体系的完整性,美国国会于1978年再次修改了《国家公园基本法》。该修正案指出:"授权的行为应该得到解释,应该根据最高公众价值和国家公园体系的完整性实施保护、管理和行政，不应损害建立这些国家公园单位时的价值和目标，除非这种行为得到过或应该得到国会直接和特别的许可。”

授权法即授权性立法文件，是美国国家公园体系中数量最大的法律文件。每一个国家公园体系单位都有其授权法，这些文件如果不是国会的成文法，就是美国总统令。一般来说，这些授权法都会明确规定该国家公园单位的边界，它的重要性及其他适用于该国家公园的内容。由于是为每个国家公园独立立法，所以立法内容很有针对性，是管理该国家公园的重要依据，其中最有名且引用最多的授权法是《黄石公园法》。

美国国家公园的单行法体系主要有《原野法》《原生自然与风景河流法》《国家风景与历史游路法》。《原野法》于 1964 年通过，是适用于美国整个国家公园体系的成文法之一。《原生自然与风景河流法》于 1968 年开始实施，其原生自然与风景河流获得命名可以有 2 种方式，即国会立法和各州提出申请并由联邦内政部部长审批。对于原生自然与风景河流而言，最重要的保护措施是规划，由国会立法命名的河流，其管理的主要依据除立法外，还需由美国内政部或农业部部长签署的规划，且任何联邦机构不得批准或资助原生自然与风景河流上的水资源建设项目。《国家风景与历史游路法》于 1968 年通过，目的是促进国家风景游路网络的形成。其后美国国会修订了该法案，将历史游路加入进来。根据风景游路的性质，其允许的游憩活动主要是徒步旅行和原始性宿营，与国家荒野与风景河流类似。风景与历史游路并不要求其土地一定归联邦政府所属，该法鼓励联邦、州和地方政府合作，以建立和保护这些游路，使其免受不当开发的威胁。

一般来说，成文法只规定能做什么、不能做什么，不涉及怎么做的问题。这种情况下，国家公园管理局的部门规章将起到相应作用。为有效管理国家公园，美国国家公园管理局根据《国家公园基本法》的授权制定了很多部门规章，这些规章同样具有法律效力。如果一项成文法清晰地指出国家公园管理局的权利与义务，而国家公园管理局的部门规章又很清楚地细化了成文法的相关内容，法院就会认可这些部门规章，同时国家公园管理局就可根据它管理国家公园体系。

除上述各项法律外，以下联邦法律也对美国国家公园体系的管理产生重要影响，包括《国家环境政策法》《清洁空气法》《清洁水资源法》《濒危物种法》《国家史迹保护法》等。这些法律不仅为国家公园管理局管理公园内部事务提供了依据，而且也是解决公园边界内外纠纷的有力工具。

12.2.2 加拿大国家公园相关法律法规

加拿大国家公园的管理主要通过四级政府的立法，即国家级、省级、地区级和市级，其中以国家级和省级为主。加拿大国家公园的法律法规体系较为完善，早在 1887 年为规范班夫国家公园的管理，便颁布了《班夫公园法》对其实施专门保护。随后，在 1911 年又出台了《自治领地保护区和公园法》。1930 年，加拿大正式颁布《加拿大国家公园法》，后来历经多次修改，最新版于 2000 年 10 月 20 日由国会通过，部分条款当即生效，剩余条款分别于 2001 年 2 月 19 日和 2005 年 10 月 1 日生效。此外，加拿大还制定了《野生动物法》《濒危物种保护法》《狩猎法》《防火法》《放牧法》等诸多法律，以及《国家公园通用法规》《国家公园建筑物法规》《国家公园别墅建筑法规》《国家公园墓地法规》《国家公园家畜法规》《国家公园钓鱼法规》《国家公园垃圾法规》《国家公园租约和营业执照法规》《国家公园野生动物法规》《国家公园历史遗迹公园通用法规》《国家历史遗迹公园野生动物及家畜管理法规》等多部相关法规，形成了较为完善的国家公园管理法律法规体系，并通过了《加拿大国家公园管理局法》《加拿大遗产部法》等法律来规范国家公园组织管理机构的运行。各省制定的法律也较为健全，大部分省均制定并颁布了省立公园法案及保护森林和野生动物、森林防火方面的法律，且规定十分详尽、具体，真正做到有法可依。

12.2.3 德国国家公园相关法律法规

德国政府从 20 世纪 70 年代就着手进行环境立法工作，逐渐形成了一套完整的环境保护法律法规系统。目前，德国联邦和各州的环境法律法规文件等达 8 000 多部。就国家公园而言，德国国家公园的法律体系分为联邦政府和州政府 2 级，也较为完善。在国家层面，联邦政府负责国家公园的统一立法，有关国家公园管理最重要的法律是

1976年颁布实施的《联邦自然保护法》，为各州管理国家公园制定了框架性规定。此外，联邦政府还出台了《联邦森林法》《联邦环境保护法》《联邦狩猎法》《联邦土壤保护法》等诸多相关法律，为国家公园管理提供了坚实的保障体系。在各州层面，依据《联邦自然保护法》，各州根据自己的实际情况制定了自然保护方面的专门法律，即"一区一法"。例如，拜恩州在1973年制定了德国第一部有关国家公园建设和管理的法律——《拜恩州自然保护法》；黑森州为有效保护和管理凯勒林山—埃德尔水库国家公园，在2003年制定了《凯勒林山—埃德尔水库国家公园法令》。每个州的国家公园法律都对各自国家公园的性质、功能、建立目的、管理机构、管理规模等有具体的说明。

12.2.4 澳大利亚国家公园相关法律法规

1863年，澳大利亚在塔斯马尼亚通过了第一个保护区法律，接着又先后出台了一系列法律法规为国家公园提供法律保障。例如，南澳大利亚州于1891年公布了国内第一部有关国家公园管理的专项法规——《国家公园法》；其后，西澳大利亚州于1895年、昆士兰州于1906年分别颁布了各自的有关国家公园管理和野生生物保护管理的专项法规等。特别是20世纪50年代以来，澳大利亚频频出台有关保护自然环境和自然资源的法律法规，包括《环境保护法》(1974年)、《国家公园和野生动植物保护法案》(1975年)、《澳大利亚遗产委员会法案》(1975年)、《鲸类保护法》(1980年)、《世界遗产财产保护法》(1983年)、《濒危物种保护法》(1982年)、《环境保护和生物多样性保护法》(1999年)、《环境保护和生物多样性保护条例》(2000年)等，逐步建立起了比较健全的国家公园保护管理的法律体系，对自然资源的恢复和发展起到了重要的推动作用，特别是1999年颁布的《环境保护和生物多样性保护法》，成为该国生物多样性保护领域的基本法。除了澳大利亚联邦政府颁布的法律外，澳大利亚各州也根据自身情况颁布了多部国家公园方面的法律法规，为国家公园的建立及保护提供了法律依据。例如，塔斯马尼亚州颁布了《荒地法》《皇家土地法》；新南威尔士州颁布了《保护委员会法》(1980年)、《领地公园与野生动物保护法》(1980年)、《科堡半岛土著土地与庇护地法》(1981年)、《渔业法》

(1988 年)等;昆士兰州颁布了《乡土植物保护法》(1930 年)、《国家公园与野生生物法》(1975 年)、《动物保护法》(1962 年)、《土地法》(1962 年)、《林业法》(1959 年)、《昆士兰海洋公园法》(1982 年)、《渔业法》(1976 年)、《土著土地法》(1991 年)、《托雷斯海峡岛屿居民土地法》(1991 年)、《自然保护法》(1992 年)等。除积极立法外,澳大利亚还十分重视在法规的实施过程中根据情况的变化和管理工作的需要修改法规。以联邦政府的《国家公园和野生动植物保护法》为例,该法从颁布到 1987 年已修改了 12 次,基本上每年都有所修改,1978 年和 1979 年每年更是修改 2 次。实践证明,经修改的、与实际情况和保护管理工作需要比较符合的法律,对国家公园和野生生物保护管理工作起到了促进作用。

12.2.5 新西兰国家公园相关法律法规

新西兰非常注重法律法规的完善,截至 2018 年,已建立了包括《国家公园法》《资源管理法》《野生动物控制法》《海洋保护区法》《野生动物法》《自然保护区法》等法律法规在内的较为完善的自然生态保护法律体系。通过法律手段,真正给自然生态保护正名,避免因政府管理观念的不同造成生态保护观念的偏差。为了真正发挥法律的作用,由环保部专门负责法律执行过程中的落实工作,起到监督的作用。同时,广大社区民众共同参与生态保护,真正将“垂直与公众参与管理模式”的管理机制作用发挥到实处。

12.2.6 南非国家公园相关法律法规

南非国家公园有关的法律法规有《国家环境管理:保护区法》(2003 年)、《世界遗产公约法》(1999 年)、《海洋保护法案》《国家公园法》(1976 年)、《国家环境管理:生物多样性第 10 号法案》(2004 年)、《海洋生物资源法》(1998 年)、《国家森林法》(1998 年)和《高山盆地法》(1970 年)。

南非国家公园等自然保护地的管理有着很多相关法律和专门法律。主要的相关法律由宪法授权,南非国家公园管理局 SANParks 的所有权利是由《南非共和国宪法》第二十四部分规定和授权的。专门法律包括《国家环境管理法》(National Environmental Management Act,

又被称为《国家公园环境管理法》)、《国家保护区域法律》(Protected Areas Act, PAA)、《国家保护区域政策》(National Protected Areas Strategy, NPAS)、《海洋生物资源法》(Marine Living Resources Act, MLRA)等，这些法律约束并规定了多数公园的管理。同时，还有一些辅助性的法律法规，如《生物多样性法令》《环境保护法令》《湖泊发展法令》《世界遗产公约法》《国家森林法》《山地集水区域法令》《保护与可持续利用南非生态资源多样性白皮书》《公共财政管理法》等。

12.2.7 韩国国家公园相关法律法规

管理韩国国立公园的法规是《公园法》。自 1975 年开始，自然保护运动席卷全国，到 1980 年，为有效保护和管理自然公园，《公园法》分成《城市公园法》和《自然公园法》。目前，韩国直接管理国立公园的法规是《自然公园法》。该法规规定了有关自然公园指定、保护及管理方面的事项，其目的是保护自然生态系统和自然、文化景观，谋求可持续的利用。主要内容包括：自然公园保护义务；自然公园的指定、管理；公园委员会的设立；公园的(基本)规划；功能分区的设定；禁止行为；保护和费用征收；国立公园管理工团的相关内容、法规等。除此之外，韩国的相关法规还有《山林文化遗产保护法》《山林法》《建筑法》《道路法》《沼泽地保护法》《自然环境保存法》等，也是其国立公园管理及保护、利用的重要依据。

12.2.8 日本国家公园相关法律法规

日本国家法律比较全面，既有专门针对国家公园管理的《自然公园法》，也有相关的法律辅助《自然公园法》的实施。日本的国家公园保护与管理主要基于《自然公园法》，该法案于 1957 年 6 月颁布实施，修订时间为 2013 年 6 月 1 日，包括总则、国立公园与国定公园、都道府县立自然公园、罚则及附则等内容。其中，国立公园与国定公园部分分别就公园的指定、公园计划、公园事业、保护及利用、生态系统维持与恢复事业、风景地保护协定、公园管理团体、费用及杂则等做出了详细的规定。为保障《自然公园法》的实施，日本政府还颁布了《自然公园法施行令》《自然公园法施行规则》等配套法规。并于 2013 年 5 月出台了《国立公园及国定公园候选地确定方法》《国立公园及国定公园调查要领》等相关文件，同时发布了《国立公园规划制订要领》《国立公园指定书》《国立公园规划书》《国立公园规划变更书》《国立公园所在地区图与规划图制订要领》《国立公园规划修改要领》，以及《国定公园指定及规划制订》《都道府县自然公园指定及规划制订》等重要文件。与国家公园相关的其他法律、法规还包括《鸟兽保护及狩猎正当化相关法》及施行令与施行规则、《自然环境保全法》及施行令与施行规则、《自然环境保全基本方针》《自然再生推进法》《濒危野生动植物保护法》及施行令与施行规则、《国内特定物种事业申报相关部委令》《国际特定物种事业申报相关部委令》《特定未来物种生态系统危害防止相关法》及施行令与施行规则。

12.2.9 法国国家公园相关法律法规

法国对于国家公园的管理有着相应的法律，即关于国家公园、自然海岸公园和地区自然公园的第 2006—436 号法例（以下简称《法国国家公园法》）。该法最初出台于 2006 年 4 月 14 日，由国家自然保护部监制，以加强地方政府对公园的管理，保证公园周边地方居民的生活利益。《法国国家公园法》阐明了对国家公园的定义，规定了国家公园的创建条件和类型等，包括自然景观及具有文化保护及环境宣传等特殊意义的文化遗产景观，除去创建时规定的核心区域外，周边市镇若有意愿，也可属于国家公园的一部分，并遵守相应章程。

12.2.10 俄罗斯国家公园相关法律法规

《俄罗斯联邦特别自然保护区域法》是特别法，非基本法，也是一部非常重要的实体法。第一章对特别自然保护区（包括国家公园、自然公园、自然遗址公园等）的构成、保护区内各种资源使用的决定权、保护区的建立标准、保护区的分级及国家公园的分级、保护区由哪些部门进行管理及管理权力的授权转移等内容进行综述。虽然陈述的对象是特别自然保护区，范围大于国家公园，但是特别自然保护区中包含国家公园，因而同样适用于国家公园。该法律的第三章是专门针对国家公园的相关法律条款，内容包括国家公园的所属权归谁所有、国家公园的主要任务、建立和扩建国家公园由什么部门决定、国家公园内的区域划分和国家公园具体的管理等内容。该法律是由俄罗斯联邦立法机构颁布，虽然俄罗斯联邦下有很多联邦主体，但是这部法律适用于整个俄罗斯联邦。因此，该法律是调整俄罗斯联邦内自然资源法律关系的总纲。

12.2.11 国际上国家公园立法可借鉴的经验

(1)完整的法律法规体系。各国对关于国家公园的分区保护、经费、特许经营、生物多样性保护、人员任免等方面都做了详细的规定。美国国家公园立法较全面，有 24 部针对国家公园体系的国会立法及 62 种规则、标准和执行命令，各个国家公园还各自有专门法，形成了较为完整的法律体系。南非国家公园的管理有着很多相关法律和专门法律，主要的相关法律由宪法授权，同时还有一些辅助性的法律法规。日本在国家公园立法体系方面，已经形成了以《自然公园法》为基本法，以《自然环境保全法》及施行令和施行规则、《基本环境法》为核心，以《野生生物保护及狩猎控制法》《濒危野生动植物保护法》《自然再生推进法》等法律为辅助，再加上《自然环境保全基本方针》《景观保护条例》《自然环境保护条例》等多项施行令和施行规则的较完善的国家公园法律体系。

(2)立法位阶高。在国家公园立法方面，无论采取何种管理模式，或使用何种立法模式，很多国家都有专门的法律位阶的国家公园法。这些国家在法律位阶的立法中明确规定了国家公园的建设和管理要求，提升了其法律效力。以美国为例，美国国家公园立法体系可以分为以下几个层次:《国家公园基本法》授权法、单行法和部门规章及其他相关联邦法律。1916 年美国国会颁布了《国家公园基本法》，其主要规定了美国国家公园的基本职责，它是国家公园体系中最基本、最重要的法律规定，其立法位次仅低于美国宪法。授权法是指立法机关把自己某项立法权授权或委托行政部门或者其他组织在授权范围内立法的决定或决议。在美国国家公园单行法体系中，主要有《原野法》《原生自然与风景河流法》《国家风景与历史游路法》，这些单行法有力地补充了美国国家公园法律体系的立法空白。另外，加拿大的《加拿大国家公园法》为加拿大的国家公园保护、建设、管理提供了严格的法律保障，而德国的《联邦自然保护法》为各州管理国家公园制定了框架性规定。

(3)与其他法律法规相协调。各国国家公园法律法规的条款不仅内容详尽细致，而且注重与其他相关法规之间的协调，使各个法规之间形成相互支撑的体系。美国经过 140 多年的发展，目前已经建立了一套较为完整的国家公园法律体系，并与其他相关法律法规紧密配合。新西兰非常重视保护地立法，目前已经制定了《国家公园法》《野生动物控制法》《海洋保护区法》《自然保护区法》《海洋哺乳动物法》《保护法》《资源管理法》等保护地建设与管理法律法规。其中，国家公园依据《国家公园法》进行管理，其他各类保护地分别按《野生动物控制法》《自然保护区法》《海洋保护区法》《海洋哺乳动物法》进行管理；《保护法》的级别高于《国家公园法》《野生动物控制法》《海洋保护区法》《自然保护区法》等法律法规。

（4）注重公众参与，兼顾多方利益。各国的国家公园均有一些法律条文鼓励公众参与国家公园保护和管理的内容，包括对于公园的选址、规划、管理、保护等方面，规定了国家公园区域内个人和社区的权益。英国国家公园土地大部分为私人所有，为了不侵犯公民的权利，英国的公园管理局在施行任何规划决策时都须经过严格的公众参与。新西兰保护部代表新西兰人民管理国家公园，雇用了 1 600 名全日制员工，分布在全国 120 个保护区，国家公园职员向地区机构负责。公众也可参与国家公园的管理，公民不仅可以被提名并任命到保护委员会或新西兰保护局等机构中任职，为政策、保护管理策略与国家公园管理计划的草案提供建议，也可贡献时间、技能与资源，在国家公园中承担各种职能。巴西《自然保护区系统法令》(2000 年)规定，执行机构在建立国家公园时要听取当地民众和其他有兴趣人的意见，在公开咨询过程中，应明确地用可理解的语言向居住在国家公园内及周围的民众说明国家公园建立的有关情况。

12.3 中国自然保护地法律法规

12.3.1 自然保护区相关法律法规

我国自然保护区的法律法规主要为国务院颁布的行政法规、其他相关职能部门颁发的行政规章和地方性法规。我国自然保护区管理的行政法规主要是指《中华人民共和国自然保护区条例》。为了加强自然保护区的建设和管理，1994 年 10 月 9 日，国务院第 167 号令发布了《中华人民共和国自然保护区条例》(以下简称《条例》)，并于同年 12 月 1 日起实施。《条例》共分为 5 章 44 条，从不同的角度对自然保护区管理做了全面规定，是我国有史以来第一部关于自然保护区管理专门性的行政法规。具体内容包括：确定了自然保护区的概念及其法律地位；规范了自然保护区的设立、建设和管理；将自然保护区发展规划纳入国民经济和社会发展规划，保证自然保护区的有序发展；建立综合管理与分工负责的管理体制，规定了原环境保护部门综合管理和原林业、原农业、原国土资源、原海洋等行政主管部门分部门管理相结合的管理体制；规范了自然保护区的建立程序；采用“人与生物圈保护区”的管理方式，对自然保护区进行分功能区管理；初步建立了自然保护区经费渠道，逐步增加对自然保护区的投入；规定了有关违法行为的法律责任等。

《森林和野生动物类型自然保护区管理办法》(1985 年国务院批准并由原林业部公布)、《水生动植物自然保护区管理办法》(1997 年原农业部第 24 号令)、《海洋自然保护区管理办法》(国海法发〔1995〕251 号)、《自然保护区土地管理办法》(国土法字〔1995〕117 号)、《地质遗迹保护管理规定》(1995 年原地质矿产部第 21 号令)等部门规章也对自然保护区管理进行了相关规定。

除上述行政法规及部门规章外，我国山西、内蒙古、辽宁等 27 个省(自治区、直辖市)人民代表大会或人民政府依据《条例》及其他法规制定了本地区的自然保护区条例或管理办法，以规范本地区的自然保护区建设和管理。这些地方性法规在自然保护区建设、管理中发挥了重要的作用。

12.3.2　风景名胜区相关法律法规

目前，我国关于风景名胜区保护最基本的法律规范是国务院在 2006 年颁布的《风景名胜区条例》。此外，国务院颁发的其他现行有效的规范性文件有《国务院办公厅转发建设部关于加强风景名胜区工作报告的通知》(国办发〔1992〕50 号)、《国务院办公厅关于加强风景名胜区保护管理工作的通知》(国办发〔1995〕23号)、《国务院关于加强城乡规划监督管理的通知》(国发〔2002〕13号),以及《国务院关于发布第九批国家级风景名胜区名单的通知》(国函〔2017〕40号)等。

此外,有关职能部门还颁布了部门规范性文件,以更加有效地保护管理风景名胜区。与此同时,地方各级人民代表大会常务委员会和人民政府也不断加大对风景名胜区保护管理的法规建设,结合本地实际制定了一系列保护管理条例或办法。截至2017年,关于风景名胜区保护管理现行有效的省级地方性法规共有38部,如《山东省风景名胜区管理条例》(2001年)、《福建省风景名胜区条例》(2015年)、《浙江省风景名胜区条例》(2014年)、《甘肃省风景名胜区条例》(2015年)、《湖南韶山风景名胜区条例》(2012年)等。市级地方性法规共有21部,如《徐州市云龙湖风景名胜区条例》(2015年)、《大连市风景名胜区条例》(2011年)、《苏州市风景名胜区条例》(2009年)、《岳麓山风景名胜区条例》(2007年)、《深圳经济特区梧桐山风景名胜区条例》(2009年)等。自治条例和单行条例共有10部,如《阿坝藏族羌族自治州风景名胜区条例》(2014年)、《湘西土家族苗族自治州猛洞河风景名胜区保护条例》(2007年)等。

12.3.3 森林公园相关法律法规

与森林公园相关的法律法规有原国家林业局出台的《森林公园管理办法》(2016年原国家林业局令第42号)和《国家级森林公园管理办法》(2011年原国家林业局令第27号)。《森林公园管理办法》对森林公园的规划、建设和经营管理做了较为详细的规定。《国家级森林公园管理办法》较之《森林公园管理办法》规定得更为详细,尤其在国家森林公园内部设施建设、活动开展、法律责任等方面做了全面的规定。在地方性法规方面,本溪市人民代表大会制定了《本溪环城国家森林公园管理条例》(2010年),安徽、广东、江西等12个省份也都制定了相应的森林公园管理条例。

12.3.4 地质公园相关法律法规

1995年原地质矿产部发布的《地质遗迹保护管理规定》,是我国首部以地质遗迹资源为调整对象的专门部门规章,该部门规章实现了我国关于地质遗迹资源管理的重大突破，不仅是我国第一部关于地质遗迹的专门部门规章，还首次以部门规章形式确定了地质遗迹的概念和内容，并提出了建设地质遗迹保护区3级分类及其管理的制度。由于人们对地质遗迹资源重要性认识的不断提高，为了适应目前保护环境资源的需要，各省（自治区、直辖市）近年来也都加强了地质遗迹资源的保护立法工作。

2002年原国土资源部发布的《中国国家地质公园建设技术要求和工作指南》共分4篇，包括国家地质公园的基本概念、国家地质公园建设指南、地球科学基础知识介绍和地质作用与地质遗迹基础知识。

为了加强国家地质公园建设，有效保护地质遗迹资源，促进地质公园与地方经济的协调发展，原国土资源部于2010年发布了《国家地质公园规划编制技术要求》（国土资发〔2016〕83号），并要求各省（自治区、直辖市）原国土资源行政主管部门要加强对规划编制工作的指导，协助地质公园所在地人民政府做好规划的发布实施，依据批准的规划进行地质公园建设工作的监督检查和评估验收。

12.3.5 其他保护地相关法律法规

（1）湿地公园：为了加强湿地公园管理，保护和合理利用湿地，促进湿地生态旅游业的发展，根据《国务院办公厅关于印发国家林业局职能配置内设机构和人员编制规定的通知》（国办发〔1998〕81号），原国家林业局出台了《国家湿地公园管理办法（试行）》（林湿发〔2010〕1号）。

（2）海洋特别保护区：2005年，原国家海洋局出台了《海洋特别保护区管理暂行办法》（国海发〔2005〕24号），以专项规章规范海洋特别保护区建设管理的相关工作，之后不断对该办法予以补充完善。2006年下发了《关于进一步落实海洋保护区有关工作的通知》（国海环字〔2006〕349号），积极推进海洋特别保护区的建设和管理工作。为进一步规范海洋特别保护区的选划建设，切实履行原海洋行政主管部门“监督管理海洋自然保护区和海洋特别保护区”的职责，促进海洋资源环境的可持续利用，原国家海洋局于2010年印发了《关于印发〈海洋特别保护区管理办法〉、〈国家级海洋特别保护区评审委员会工作规则〉和〈国家级海洋公园评审标准〉的通知》（国海发〔2010〕21号）。

(3)水利风景区：为科学、合理利用水利风景资源，保护水资源和生态环境，加强对水利风景区的建设、管理和保护，根据《中华人民共和国水法》《中华人民共和国水土保持法》《中华人民共和国防洪法》《中华人民共和国水污染防治法》和《中华人民共和国环境保护法》等有关法律，水利部于 2004 年制定了《水利风景区管理办法》(水综合〔2004〕143 号)。《水利风景区管理办法》是由水利部颁布的规范性文件，水利风景区依据该办法进行管理。

另外，其他类型保护地还包括矿山公园、水产种质资源保护区、沙化土地封禁保护区、沙漠公园等，均以主管部门的规章或者规范性文件进行管理，类型多、数量少，保护地总体面积占比小且相关的法律法规基础较薄弱。

12.3.6 世界遗产相关法律法规

世界遗产相关的法律法规分国际和国内 2 个层面。就国际性法律文件来看，为了保护世界遗产，联合国教科文组织和国际古迹遗址理事会等国际组织制定了一系列文件，包括世界遗产国际公约、建议书和其他文件，以及国际宪章、宣言等共 59 部。我国加入的与世界遗产有关的国际公约有 2 部，分别是《保护世界文化和自然遗产公约》和《关于发生武装冲突时保护文化财产的公约》(1954 年)。

国内关于世界遗产的法律法规规章和规范性文件分为国家及地方性两个层面。《世界文化遗产保护管理办法》(2006 年原文化部令第 41 号)是我国第一部，也是目前唯一的一部能普遍适用于内地所有世界文化遗产的专门保护性部门规章，具有典型性。该办法确定了我国世界文化遗产保护的主要制度，包括专家咨询制度、检测巡视制度、保护规划制度、不可移动文物保护制度，以及警示名单制度。《世界自然遗产、自然与文化双遗产申报和保护管理办法(试行)》(建城〔2015〕190 号)主要内容有总则、申报、保护和管理。《住房和城乡建设部关于进一步加强世界遗产保护管理工作的通知》(建城函〔2010〕240 号)主要内容有深刻认识保护世界遗产的重要意义、科学推进申报工作、依法开展保护工作、加大宣传力度、加强能力建设。此外，地方人大和政府也制定了相关法规和规章，如《四川省世界遗产保护条例》(2015 年)《云南省石林彝族自治县石林喀斯特世界自然遗产地保护条例》(2016 年)、《云南省三江并流世界自然遗产地保护条例》(2005 年)、《新疆维吾尔自治区天山自然遗产地保护条例》(2011 年)、《湖南省武陵源世界自然遗产保护条例》(2011 年)、《福建省武夷山世界文化和自然遗产保护条例》(2002 年)、《福建省"福建土楼"世界文化遗产保护条例》(2011 年)、《甘肃敦煌莫高窟保护条例》(2002 年)、《陕西省秦始皇陵保护条例》(2010 年)、《北京市长城保护管理办法》(2003 年)、《内蒙古自治区元上都遗址保护条例》(2016 年)等。这些地方性法规规章的实施基本上实现了我国对世界遗产的专项管理。

12.3.7 中国自然保护地法律法规存在的问题和不足

(1)管理目标不同,难以发挥指导作用。我国目前已建立了自然保护区、风景名胜区、森林公园、地质公园、湿地公园等十余类自然保护地。各类已建自然保护地依据《中华人民共和国自然保护区条例》《风景名胜区条例》《国家级森林公园管理办法》等法规和规章进行管理,但这些法规和规章均与"国家公园的首要功能是重要自然生态系统的完整性、原真性保护,同时兼具科研、教育、游憩等综合功能"的功能定位不符,对国家公园建设管理起不到指导作用。

(2)法律位阶较低,与上位法有冲突。我国自然保护地法律法规主要有《中华人民共和国自然保护区条例》和《风景名胜区条例》,且均属于行政法规,还有一些《森林公园管理办法》《地质遗迹保护管理规定》《国家湿地公园管理办法(试行)》《海洋特别保护区管理办法》《水利风景区管理办法》等部门规章,法律位阶较低,无法对其他相关法律法规起到统领作用,当条文的规定与其他法律产生矛盾时应当适用上位法,进一步削弱了法规的实效。例如,自然保护区内存在土地、森林、草原、水、矿产等多种自然资源,这些资源都有专门立法进行保护和管理,对自然保护区进行管理时,一方面要符合《中华人民共和国自然保护区条例》的要求,另一方面也要接受其他自然资源方面法律的制约。在实践中,一旦发生纠纷和矛盾,属于行政法规的《中华人民共和国自然保护区条例》由于法律位阶较低,无法与《中华人民共和国草原法》《中华人民共和国森林法》《中华人民共和国矿产资源法》《中华人民共和国水法》及《中华人民共和国野生动物保护法》等高位阶的法律进行对接和协调，使得自然保护区的管理目标难以实现。其他法律法规主要由有关职能部门颁布的部门规章、地方性法规、宏观性法律组成，如《中华人民共和国宪法》《中华人民共和国环境保护法》等，并不是针对国家公园的，对国家公园的管理缺乏指导作用。云南省制定出台的《云南省国家公园管理条例》(2016 年)和黑龙江省制定出台的《黑龙江省五大连池世界地质公园保护条例》(2006 年)，均属于地方性法规，在位阶、合法性与示范力方面尚存在一定的问题。总体而言，我国国家公园的整体法律体系的位阶较低。

(3)没有统一立法，管理较为混乱。因主管部门不同，我国现有的《中华人民共和国自然保护区条例》《风景名胜区条例》《国家级森林公园管理办法》《国家湿地公园管理办法(试行)》《水利风景区管理办法》等自然保护地相关条例及办法没有在国家层面进行统一的立法，缺乏统一的指导思想，立法模式缺乏整体性。产生这种现象的主要原因是我国自然资源产权制度不完善，导致土地、森林、生物等自然资源的过度利用和丧失。从法理上讲，我国自然保护地自然资源所有权应为国家或集体所有的明确权属，但在管理过程中，产权主体虚置或被弱化，致使国家权益流失严重。同时，还导致一块保护区域往往由多个部门同时设立多个自然保护地类型，导致管理混乱。

(4)缺少对公众参与和社区发展的保障。在我国的环境立法体系中有关于公众参与制度的规定。例如，在《中华人民共和国环境保护法》中规定:“一切单位和个人都有保护环境的义务，并有权对污染和破坏环境的单位和个人进行检举和控告”，以及“对建设、管理自然保护区及在有关的科学研究中做出显著成绩的单位和个人，由人民政府给予奖励”。但此类规定都过于抽象，没有具体的实施规定和条件，在实践的过程中很难发挥作用。我国自然保护地内社区居民大多保持自给自足的生活方式，其生产生活过于依赖自然资源，而自然保护地的建立制约了区域经济的发展，使得社区损失了部分既得利益或发展权利，承担了一定的机会成本。目前在我国的自然保护地相关法律中，缺少国家公园管理参与方的利益分配机制，现有的政策法规将社区居民置于一种孤立的状态，使其缺乏共同建设国家公园的积极性，从而使自然资源也没有得到应有的保护，在一定程度上威胁到自然保护区的生态环境的保护。对于社会公民和团队，由于其在法律上的地位不明确，参与形式单一，同时相关环境保护激励机制和宣传工作不到位，导致公众缺乏保护自然环境的意识，损害了参与自然保护地建设的积极性。

12.4 国家公园体制试点立法探索

12.4.1 三江源国家公园条例(试行)

根据《三江源国家公园体制试点方案》的要求，青海省探索制定了《三江源国家公园条例(试行)》，指导三江源国家公园体制试点工作。同时，该试点方案也要求，在地方立法探索过程中，如果有突破现行法律法规规定的，要按程序报批，取得授权后施行。经青海省立法机构审议通过后，《三江源国家公园条例(试行)》已于 2017 年 8 月 1 日正式施行。

《三江源国家公园条例(试行)》以习近平总书记系列重要讲话为指导，以试点方案为依据，贯彻落实“四个转变”新思路，坚持立足当下、着眼长远、统筹兼顾、破旧立新、宜简不宜繁的原则，总结近年来三江源生态保护经验，既体现管理体制机制改革的要求，又体现山水林田湖草一体化保护和管理要求，着力解决“九龙治水”、监管执法碎片化等突出问题。突出并有效保护修复生态，是三江源国家公园体制试点的首要任务。为实现“保护优先”，《三江源国家公园条例(试行)》对国家公园本底调查、保护对象、产权制度、资产负债表、生物多样性保护、文化遗产保护、生态补偿、防灾减灾、检验检疫等方面进行了规定，并就管理体制方面，明确“三江源国家公园实行集中统一垂直管理”“国家公园管理机构统一行使国家公园内自然保护区、地质公园、国际国家重要湿地、水利风景区等各类保护地的管理职责”，从体制机制上解决“九龙治水”问题。

《三江源国家公园条例(试行)》对国家公园生态保护建设、基础设施建设、警示标志建设、建设项目审批、建设项目管理、标准体系建设、智慧公园建设等进行了相应规定，同时还对管理与经营分离、生态体验与环境教育、民生改善、访客管理、形象标识、草原利用、绿色消费、应急和安全管理等做了必要的规定。为鼓励社会参与，规定“国家公园管理机构应当加强对当地居民的教育培训，形成居民主动保护、社会广泛参与、各方积极投入建设国家公园的良好氛围。鼓励和支持当地居民开展生态保护活动，发挥当地居民生态保护主体作用，在村规民约中增加完善有关生态保护的内容”。对鼓励和支持多种形式的社会参与，包括社会投资与捐赠、志愿者服务、国际合作交流、村民培训、社会监督等也进行了规定。在与现行法律法规衔接方面，部分突破了自然保护区管理方面行政法规、部门规章的规定，在管理部门和处罚责任设定上做出了创设性规定。

此外，三江源国家公园管理局还制定印发了三江源国家公园科研科普、生态管护公益岗位、特许经营、预算管理、项目投资、社会捐赠、志愿者管理、访客管理、国际合作交流、草原生态保护补助奖励政策实施方案等10个管理办法，形成了“1＋N”的制度体系。

12.4.2 神农架国家公园保护条例

湖北省为推进神农架国家公园体制试点工作，湖北省人大常委会于2017年11月29日正式颁布《神农架国家公园保护条例》。该条例自2018年5月1日起施行。

《神农架国家公园保护条例》规定神农架国家公园管理局由湖北省人民政府垂直管理。神农架国家公园管理局行使自然资源保护和管理等职责；神农架林区人民政府行使神农架国家公园内经济社会发展综合协调、公共服务、社会管理和市场监管等职责，协调推进神农架国家公园的保护、建设和管理相关工作。该条例还规定：鉴于神农架国家公园内资源保护执法的重要性，为避免多头执法、交叉执法，神农架国家公园管理局实行资源环境的综合执法；为处理好保护和利用的关系，神农架国家公园管理局对神农架国家公园内的经营项目实行特许经营。

同时，《神农架国家公园保护条例》规定，编制神农架国家公园规划应当遵循生态保护规律，严守生态保护红线，注重神农架生态系统特点，与土地利用规划和城乡规划等空间规划相衔接。为了便于分区标界和有效管理，该条例规定神农架国家公园按照功能划分为严格保护区、生态保育区、游憩展示区和传统利用区，并对各功能区内建设开发利用等做出了禁止性规定。

此外，根据神农架国家公园资源保护的特点，《神农架国家公园保护条例》设立了系统性的保护机制，如明确了保护资源类型、建立保护制度，以及在不增设行政许可的前提下，规定神农架国家公园内各类建设项目的许可，许可机关应当事先征求神农架国家公园管理局的意见。该《条例》还按照科研与科普支撑保护的要求，为彰显国家公园的社会公益性，设立了科研与科普的工作机制。

12.4.3 武夷山国家公园条例（试行）

福建省制定了《武夷山国家公园条例（试行）》，明确武夷山国家公园包括武夷山国家级自然保护区、武夷山国家级风景名胜区和九曲溪上游保护地带。该条例规定福建省人民政府设立的武夷山国家公园管理机构，负责武夷山国家公园内的自然资源、人文资源和自然环境的保护和管理，编制武夷山国家公园总体规划和专项规划；同时，依据保护对象的敏感度、濒危度、分布特征和文化与自然遗产保护管理的必要性，生态保护及开发现状，结合居民生产、生活与社会发展的需要，实行分区管理、分类保护，将武夷山国家公园划分为特别保护区、严格控制区、生态修复区和传统利用区。

《武夷山国家公园条例（试行）》还规定武夷山国家公园内不得设立各类开发区、工业园、疗养院，开发或者变相开发房地产，严禁其他任何损害或者破坏自然资源、人文资源和生态环境等与国家公园保护目标不相符的建设活动。

12.4.4 云南省国家公园法律法规探索

2013 年，云南省迪庆藏族自治州制定出台了《香格里拉普达措国家公园保护管理条例》。2016 年，云南省正式施行《云南省国家公园管理条例》。该条例分为总则、设立与规划、保护与管理、利用与服务、法律责任、附则共 6 章 34 条，对国家公园的定义、国家公园的管理体制、国家公园与其他保护地衔接问题，以及关于国家公园的特许经营等都做出了明确规定。

12.5 现行各类自然保护地标准规范

我国已建设的各类自然保护地都已制定出台相关标准规范，指导其建设管理，在一定程度上可供制定国家公园相关标准规范参考、借鉴。

12.5.1 自然保护区标准规范体系

目前，我国自然保护区已形成了较为完备的标准规范体系，包括自然保护区分类、评审、综合科学考察、生态环境监察、人类活动遥感监测、规范化建设等各个方面。

(1)《自然保护区类型与级别划分原则》(GB/T 14529—1993)：为规范自然保护区类型与级别的划分，加强自然保护区的建设，提高自然保护区的管理质量，原国家环境保护局、国家技术监督局根据《中华人民共和国环境保护法》等法律的有关规定，于 1993 年 7 月 19 日发布该标准。根据该标准，我国自然保护区分 3 个类别 9 个类型；在级别划分上，我国自然保护区划分为国家级、省(自治区、直辖市)级、市(自治州)级和县(自治县、旗、县级市)级，其中省级、市级和县级统称为地方级。

(2)《自然保护区管护基础设施建设技术规范》(HJ/T 129—2003)：为了引导、限制、规范自然保护区管护基础设施的建设，加强自然保护区的监督管理，原国家环境保护总局于 2003 年 8 月 13 日颁布了该规范。该规范规定了适用于不同类型、不同级别自然保护区(含保护点和保护站)管护基础设施的道路建设及标桩、标牌、建筑物等基础设施建设的原则和技术要求；还具体规定了科研、监测和宣传教育基础建设等方面的内容。

(3)《自然保护区综合科学考察规程(试行)》(环函〔2010〕139 号)：为规范自然保护区综合科学考察活动，查清自然保护区内生物多样性、自然地理环境、社会经济状况和威胁因素，促进自然保护区的有效保护和科学管理，原环境保护部于 2010 年 5 月 4 日制定出台了该规程，适合于所有已建和拟建的自然保护区综合科学考察工作。

(4)《自然保护区生态环境监察指南》(环办〔2011〕86 号)：为规范

自然保护区的生态环境监察工作，加强对自然保护区的监督管理，加大对涉及自然保护区违法开发建设、资源不合理利用等生态破坏行为的环境执法力度，促进自然保护区生态环境监察工作规范化、高效化，原环境保护部组织编制了该指南，适用于自然保护区环境监察工作。

(5)《自然保护区人类活动遥感监测技术指南(试行)》(环办〔2014〕12 号)：为指导、规范环境保护行政主管部门开展自然保护区人类活动的遥感监测与评价工作，提升全国自然保护区综合监管水平，原环境保护部制定了该指南。其规定了自然保护区人类活动遥感监测与评价的内容、指标、方法、技术流程等，适用于利用卫星、航空遥感技术对各级自然保护区陆地区域人类活动进行遥感监测与评价工作。

(6)《国家级自然保护区评审标准》(环发〔1999〕67 号)：为保证国家级自然保护区评审工作的顺利进行，确保新建国家级自然保护区的质量，原国家环境保护总局于 1999 年修订颁发了该标准，规定了自然保护区的申报与评审及各类自然保护区评审指标与赋分等内容。

此外，为了保证国家级自然保护区评审工作顺利进行，原国家环境保护总局于 1999 年修订并颁发了《国家级自然保护区评审委员会组织工作制度》，规定了评审委员会的任务、职责，评审委员会成员条件、组织机构、评审及复审程序、报批程序。为切实做好自然保护区管理工作，促进自然保护区事业健康发展，2010 年国务院办公厅下发了《国务院办公厅关于做好自然保护区管理有关工作的通知》(国办发〔2010〕63 号)。2013 年，国务院关于印发《国家级自然保护区调整管理规定的通知》(国函〔2013〕129 号)，对国家级自然保护区的范围调整、功能区调整及更改名称等进行了规范。

12.5.2 风景名胜区标准规范体系

风景名胜区建立了由分类标准、规划规范、审查办法、总体规划编制报批管理规定等构成的标准规范体系。

(1)《风景名胜区分类标准》(CJJ/T 121—2008)：为便于风景名胜区的管理，原建设部制定了该标准，按照主要内涵和景观特征，将风景名胜区分为圣地、山岳、河流、湖泊、洞穴、海滨海岛、特殊地貌、园林、壁画石窟、战争、陵寝、名人民俗等 12 类。

(2)《风景名胜区规划规范》(GB 50298—1999):为了适应风景名胜区利用、管理、发展的需要,优化风景名胜区用地布局,全面发挥风景名胜区的功能和作用,提高规划设计水平和规范化程度,制定出台该规范,适合于各类风景名胜区的规划。

(3)《国家重点风景名胜区审查办法》(建城〔2004〕9 号):为了规范国家重点风景名胜区申报审查工作,确保国家重点风景名胜区的质量,原建设部制定了该办法,规范了国家重点风景名胜区申报程序和流程。

(4)《国家级风景名胜区规划编制审批办法》(2015 年住房和城乡建设部令第 26 号):该办法针对国家级风景名胜区进行了划分,并进行了总体规划和详细规划,强调了自治区人民政府住房和城乡建设主管部门和直辖市人民政府风景名胜区主管部门,负责组织国家级风景名胜区所在地市、县人民政府和风景名胜区管理机构等开展国家级风景名胜区规划编制工作。

此外,1984 年原城乡建设环境保护部等 3 个部门联合发布了《城乡建设环境保护部、公安部、国家旅游局关于加强风景名胜区游览安全管理的通知》(城园字〔84〕396 号);1992 年原建设部发布了《风景名胜区环境卫生管理标准》(建城字〔1992〕812 号)和《关于贯彻执行〈关于加强风景名胜区工作的报告〉(国办发〔1992〕50 号文件)进一步做好风景名胜区工作的通知》(建城字〔1992〕第 813 号);1993 年发布了《风景名胜区建设管理规定》(建城字〔1993〕848 号);2015 年住房和城乡建设部发布了《国家级风景名胜区管理评估和监督检查办法》(建城〔2015〕175 号)、《国家级风景名胜区规划编制审批办法》(2015 年住房和城乡建设部令第 26 号)和《住房和城乡建设部关于印发国家级风景名胜区总体规划大纲和编制要求的通知》(建城〔2015〕93 号);2016 年住房和城乡建设部发布了《全国风景名胜区事业发展“十三五”规划》(建城〔2016〕247 号),该规划明确了风景名胜区的具体发展方向和道路。

12.5.3 其他自然保护地标准规范体系

(1)森林公园:原国家林业局出台了《国家级森林公园设立、撤销、合并、改变经营范围或者变更隶属关系审批管理办法》(2005 年原国家林业局令第 16 号)、《国家级森林公园总体规划审批管理办法》(林规发

〔2015〕57 号）、《国家级森林公园监督检查办法》（林策发〔2009〕206 号）、《国家森林公园设计规范》（GB/T 51046—2014）等，围绕国家级森林公园的设立、撤销、规划审批、监督检查等问题做了程序上的规定，并对国家森林公园的设计制定了国家标准。

（2）地质公园：原国土资源部发布了一系列与国家地质公园有关的标准。《国家地质公园验收标准》（国土资厅发〔2010〕40 号）从地质遗迹保护、解说系统建设、科学研究和科普、管理结构和信息化等方面对国家地质公园建设进行评估验收，规范国家地质公园批准命名工作。《国家地质公园建设标准》（国土资厅函〔2013〕345 号）从地质公园规划与地质遗迹保护、地质公园解说与标识系统、科学研究和科学普及、建设和地质遗迹保护资金、社会经济效益等方面对地质公园建设进行规范管理。

12.6 国家公园试点在标准规范方面的探索

12.6.1 三江源国家公园在标准规范方面的探索

标准体系建设是国家公园依法依规建设和管理，实现国际接轨的重要内容。现行的各类自然保护地规范和标准体系不能全面满足国家公园建设的管理需求，部分规范标准之间缺乏系统性、完整性及协调性，乃至存在矛盾和冲突。三江源国家公园管理局在这方面进行了有益探索，在全面梳理国内有关国家标准、行业标准和地方标准的基础上，研究编制了《三江源国家公园管理规定和技术标准指南》。该指南共引用了 94 项规范标准，其中对完全适用于三江源国家公园的条款进行了直接引用，对部分适用的条款进行了引用说明，对存在矛盾冲突的条款提出了处理原则，对尚无参考标准的内容做出了明确规定。另外，《三江源国家公园标准体系研究》和《三江源国家公园技术标准导则》也已基本完成，为三江源国家公园的科学管理奠定了技术基础。

12.6.2 云南省关于国家公园标准体系的探索

云南省在开展国家公园管理模式探索的过程中，总结相关经验，探索制定了一些国家公园建设管理的地方标准，主要包括《国家公园 基本条件》(DB53/T 298—2009)、《国家公园 资源调查与评价技术规程》(DB53/T 299—2009)、《国家公园 总体规划技术规程》(DB53/T 300—2009)、《国家公园 建设规范》(DB53/T 301—2009)、《国家公园 管理评估规范》(DB53/T 535—2013)等。

12.6.3 国家公园的标准体系

为规范国家公园建设管理,应加快构建国家公园标准规范体系,在准入、规划、自然资源管理、生态保护、资金管理、社会参与、环境教育、评估考核、社区发展、访客管理、基础设施建设等 11 个方面制定标准或规范(表 12-1),推进国家公园建设管理的科学化、标准化和规范化。同时,注重标准体系的教育培训,加快运用推广,做好跟踪评价,根据实践中存在的问题及时修订和完善,形成符合规范的国家标准。

表 12-1 国家公园标准体系

类型	具体标准
准入	国家公园准入标准、国家公园设立规范等
规划	国家公园规划规范、国家公园总体规划编制及报批指南、国家公园功能分区技术指南等
自然资源管理	国家公园自然资源调查与评估技术规程、生物多样性监测与保护技术规程、国家公园巡护管理规范等
生态保护	国家公园生态保护与修复技术规程、国家公园生态环境监测技术指南等
资金管理	国家公园资金管理办法、国家公园预算管理办法等
社会参与	国家公园志愿者管理办法、国家公园科研合作管理办法、国家公园国际交流管理办法、国家公园特许经营管理办法等
环境教育	国家公园环境教育技术指南、国家公园标识系统管理办法等
评估考核	国家公园保护管理评估规范、国家公园生态保护绩效考核办法等
社区发展	国家公园社区发展技术规程、国家公园社区基础设施建设规范等
访客管理	国家公园访客管理办法、国家公园访客承载力评估技术指南等
基础设施建设	国家公园基础设施建设技术规程等

主要参考资料

曹识，周学红，张伟，2014. 现代狩猎在野生动物管理中的作用[J]. 应用生态学报，25(1)：297-304.

陈涵子，2015. 公共物品视角下中国国家公园公益性实现途径[J]. 风景园林(11)：90-95.

陈利顶，傅伯杰，2000. 干扰的类型、特征及其生态学意义[J]. 生态学报，20(4)：581-586.

崔国发，2013. 自然保护区学词典[M]. 北京：中国林业出版社.

戴胡萱，李俊鸿，宗诚，等，2014. 台湾地区国家公园志工管理体系的借鉴意义——以太鲁阁国家公园为例[J]. 野生动物学报，35(4)：470-474.

戴秀丽，周晗隽，2015. 我国国家公园法律管理体制的问题及改进[J]. 环境保护，43(14)：41-44.

邓晓兰，黄显林，杨秀，2013. 积极探索建立生态补偿横向转移支付制度[J]. 经济纵横(10)：47-51.

杜发春，2014. 国外生态移民研究述评[J]. 民族研究(2)：109-120.

方淑荣，2011. 环境科学概论[M]. 北京：清华大学出版社.

封志明，杨艳昭，闫慧敏，等，2017. 自然资源资产负债表编制的若干基本问题[J]. 资源科学，39(9)：1615-1627.

付梦娣，田俊量，朱彦鹏，等，2017. 三江源国家公园功能分区与目标管理[J]. 生物多样性，25(1)：71-79.

傅伯杰，1995. 景观多样性分析及其制图研究[J]. 生态学报，15(4)：345-350.

高吉喜，2015. 生态安全是国家安全的重要组成部分[J]. 求是(24)：43-44.

何春光，崔丽娟，盛连喜，2009. 生物多样性保育学[M]. 长春：东北师范大学出版社.

洪旗，陈韦，陈华飞，等，2017. 健全自然资源产权制度研究[M]. 北京：中国建筑工业出版社.

环境保护部，2011. 中国生物多样性保护战略与行动计划：2011—2030 年[M]. 北京：中国环境科学出版社.

黄宝荣，欧阳志云，郑华，等，2006. 生态系统完整性内涵及评价方法研究综述

[J]. 应用生态学报,17(11):2196-2202.

李博,2000.生态学[M]. 北京:高等教育出版社.

李宏,石金莲,2017. 基于游憩机会谱(ROS)的中国国家公园经营模式研究[J]. 环境保护,45(14):45-50.

李俊清,李景文,2006.保护生物学[M].2版. 北京:中国林业出版社.

李俊清,2010. 森林生态学[M]. 北京:高等教育出版社.

李俊生,罗建武,王伟,等,2015. 中国自然保护区绿皮书——国家级自然保护区发展报告 2014[M].北京:中国环境出版社.

李俊生,朱彦鹏,罗遵兰,等,2018. 国家公园体制研究与实践[M]. 北京:中国环境出版集团.

李文华,2008.生态系统服务功能价值评估的理论、方法与应用[M]. 北京:中国人民大学出版社.

李晓文,张玲,方精云,2002. 指示种、伞护种与旗舰种:有关概念及其在保护生物学中的应用[J]. 生物多样性,10(1):72-79.

李永峰,唐利,刘鸣达,2012. 环境生态学[M]. 北京:中国林业出版社.

联合国教育、科学及文化组织保护世界文化遗产和自然遗产政府间委员会,2014.实施世界遗产公约的操作指南[M]. 北京:文物出版社.

林灿,2018. 从控制到利用:美国国家公园林火管理的演变——以巨杉·圣王谷为中心[J]. 鄱阳湖学刊(1):106-113.

林光辉,2016. 国家公园社区存活形态及产业特征分析[J]. 旅游纵览(5):191-192.

林育真,赵彦修,2013. 生态与生物多样性[M]. 济南:山东科学技术出版社.

刘红纯,2015. 世界主要国家国家公园立法和管理启示[J]. 中国园林,31(11):73-77.

刘育麟,2014. 发行生态彩票的迫切性与可行性分析[J]. 商(1):139-139.

陆健健,1996. 中国滨海湿地的分类[J]. 环境导报(1):1-2.

鲁敏,2012. 环境生态学[M]. 北京:化学工业出版社.

马克明,孔红梅,关文彬,等,2001. 生态系统健康评价:方法与方向[J]. 生态学报,21(12):2106-2116.

麦克尼利,1991.保护世界的生物多样性[M]. 北京:中国环境科学出版社.

欧阳志云,王效科,苗鸿,2000. 中国生态环境敏感性及其区域差异规律研究[J]. 生态学报,20(1):9-12.

任琳,胡崇德,2011.公众参与自然保护区管理的实践与思考——以太白山自然保护区为例[J]. 现代农业科技(22):237-239.
沈宝辉,2005. 解说牌在公园管理上的作用[J]. 广东园林,30(4):28-29.
施雅风,2004. 简明中国冰川目录[M]. 上海:上海科学普及出版社.
孙鸿烈,2000. 中国资源科学百科全书[M]. 北京:中国大百科全书出版社.
孙丽,2005. 生态学基础[M]. 天津:南开大学出版社.
孙儒泳,2002. 基础生态学[M]. 北京:高等教育出版社.
孙燕,2012. 美国国家公园解说的兴起及启示[J]. 中国园林,28(6):110-112.
单霁翔,2015. 文化景观遗产保护[M]. 天津:天津大学出版社.
谭静,冯杰,王尚武,2011. 协议保护机制对自然保护区过渡带社区的综合影响[J]. 四川农业大学学报,29(3):437-441.
唐芳林,2017. 国家公园理论与实践[M]. 北京. 中国林业出版社.
汪德根,ALAN A L,2015. 国家公园"门票经济"的公益性回归与管理体制改革[J]. 旅游学刊,30(5):11-13.
汪永福,2018. 论我国国家公园生态补偿的法治路径[J]. 环境保护,46(7):56-59.
王佳,2014. 我国沿海地区旅游环境承载力预警研究[D]. 青岛:中国海洋大学.
王连勇,2003. 加拿大国家公园规划与管理——探索旅游地可持续发展的理想模式[M]. 重庆:西南师范大学出版社.
王文杰,2007. 三峡库区生态系统胁迫特征与生态恢复研究:以重庆开县为例[M]. 北京:中国环境科学出版社.
王夏晖,何军,饶胜,等,2018. 山水林田湖草生态保护修复思路与实践[J]. 环境保护,46(1):17-20.
蔚东英,王延博,李振鹏,等,2017. 国家公园法律体系的国别比较研究——以美国、加拿大、德国、澳大利亚、新西兰、南非、法国、俄罗斯、韩国、日本10个国家为例[J]. 环境与可持续发展,42(2):13-16.
魏斌,张霞,吴热风,1996. 生态学中的干扰理论与应用实例[J]. 生态学杂志,15(6):50-54.
文政,2008. 中央与地方事权划分[M]. 北京:中国经济出版社.
乌恩,成甲,2011. 中国自然公园环境解说与环境教育现状刍议[J]. 中国园林,27(2):17-20.
吴必虎,高向平,邓冰,2003. 国内外环境解说研究综述[J]. 地理科学进展,22(3):326-334.
吴征镒,1995. 中国植被[M]. 北京:科学出版社.

武春友，2006. 资源效率与生态规划管理[M]. 北京：清华大学出版社.

西北林学院，1980. 简明林业词典[M]. 北京：科学出版社.

肖笃宁，1991. 景观生态学理论、方法及应用[M]. 北京：中国林业出版社.

谢屹，温亚利，2005. 浅谈参与式发展理论在自然保护中的运用[J]. 林业调查规划，30(6)：81-83.

徐靖，李俊生，张文国，等，2007. 我国生物安全问题、管理现状与对策[J]. 环境保护，35(7)：25-30.

徐君，李贵芳，王育红，2016. 生态脆弱性国内外研究综述与展望[J]. 华东经济管理，30(4)：149-162.

杨果，范俊荣，2016. 促进我国国家公园可持续发展的法律框架分析[J]. 生态经济，32(3)：170-173.

杨建美，2011. 美国国家公园立法体系研究[J]. 曲靖师范学院学报，30(4)：104-108.

杨梅，2017. 自然保护区社区共管模式下原住民权利义务研究[D]. 云南：昆明理工大学.

殷秀琴，2004. 生物地理学[M]. 北京：高等教育出版社.

尤海舟，蔡蕾，贾成，等，2010. 生态旅游中的环境教育[J]. 四川林业科技，31(3)：89-93.

于玲玲，2010. 自然保护区环境解说员培训研究——以汉石桥湿地自然保护区为例[D]. 北京：北京交通大学.

于永福，1999. 中国野生植物保护工作的里程碑——《国家重点保护野生植物名录(第一批)》出台[J]. 植物杂志(5)：4-6.

云南省旅游局，2001. 导游业务知识[M]. 云南：云南科技出版社.

臧春鑫，蔡蕾，李佳琦，等，2016.《中国生物多样性红色名录》的制定及其对生物多样性保护的意义[J]. 生物多样性，24(5)：610-614.

曾北危，2004. 生物入侵[M]. 北京：化学工业出版社.

张宏锋，欧阳志云，郑华，等，2009. 新疆玛纳斯河流域冰川生态系统服务功能价值评估[J]. 生态学报，29(11)：5877-5881.

张明珠，卢松，刘彭和，等，2008. 国内外旅游解说系统研究述评[J]. 旅游学刊，23(1)：91-96.

张新时，2010. 关于生态重建和生态恢复的思辨及其科学涵义与发展途径[J]. 植物生态学报，34(1)：112-118.

张振威，杨锐，2016. 中国国家公园与自然保护地立法若干问题探讨[J]. 中国园林,32(2):70-73.

郑有飞,2011.环境科学概论[M].北京:气象出版社.

钟林生,王婧,2011.我国保护地生态旅游发展现状调查分析[J].生态学报,31(24):7450-7457.

周道玮,周以良,郑焕能,1993.火生态学研究评述[J].世界林业研究(6):38-44.

周武忠,2014.国外国家公园法律法规梳理研究[J].中国名城(2):39-46.

朱春全,2016.世界自然保护联盟(IUCN)自然保护地管理分类标准与国家公园体制建设[J].陕西发展和改革(3):7-11.

邹晨斌,2017.PPP模式引入国家公园建设的国内实践与法理基础[J].中国环境管理干部学院学报,27(3):42-45.

ANDREASEN J K, O'NEILL R V, NOSS R, et al, 2002. Considerations for the development of a terrestrial index of ecological integrity [J]. Ecological Indicators, 1(1):21-35.

DUDLEY N, 2016. IUCN自然保护地管理分类应用指南[M].朱春全,等,译.北京:中国林业出版社.

FITZGIBBON C D, 1997. Small mammals in farm woodlands: The effects of habitat, isolation and surrounding land-use patterns [J]. Journal of Applied Ecology, 34(2):530-539.

HOBBS R, 1991. Disturbance a precursor to weed invasion in native vegetation [J]. Plant Prot Quart(6):99-104.

HOBBS R J, ATKINS L, 1988. Effect of disturbance and nutrient addition on native and introduced annuals in plant communities in the Western Australian wheatbelt [J]. Austral Ecology, 13(2):171-179.

HOBBS R J, HUENNEKE L F, 1992. Disturbance, diversity, and invasion: implications for conservation[J]. Conservation Biology, 6(3):324-337.

HOPKINS A, WAINWRIGHT J, 1989. Changes in botanical composition and agricultural management of enclosed grassland in upland areas of England and Wales, 1970-86, and some conservation implications[J]. Biological Conservation, 47(3):219-235.

KIMBERLING D N, KARR J R, FORE L S, 2001. Measuring human disturbance using terrestrial invertebrates in the shrub-steppe of eastern Washington (USA) [J]. Ecological Indicators, 1(2):63-81.

LEEMANS H B J, GROOT R S D, 2003. Millennium Ecosystem Assessment: Ecosystems and human well-being: a framework for assessment[J]. Physics Teacher, 34(9): 534-535.

LIU Y, HUI-XIAN W U, 1958. The ecology of invasions by animals and plants [J]. Journal of Range Management, 47(9): 1601-1602.

MILCHUNAS D G, SALA O E, LAUENROTH W K, 1988. A generalized model of the effects of grazing by large herbivores on grassland community structure [J]. American Naturalist, 132(1): 87-106.

MOSCARDO G, 1996. Mindful visitors: heritage and tourism[J]. Annals of Tourism Research, 23(2): 376-397.

THEOBALD D M, MILLER J R, HOBBS N T, 1997. Estimating the cumulative effects of development on wildlife habitat[J]. Landscape & Urban Planning, 39 (1): 25-36.

VOS C C, CHARDON J P, 1998. Effects of habitat fragmentation and road density on the distribution pattern of the moor frog rana arvalis[J]. Journal of Applied Ecology, 35(1): 44-56.

WHITE P S, 1979. Pattern, process, and natural disturbance in vegetation[J]. Botanical Review, 45(3): 229-299.

索 引

A

安全设施 172
澳大利亚国家公园 11
澳大利亚国家公园相关法律法规 181
澳大利亚自然保护地及国家公园 10
澳大利亚自然保护地体系 10

B

保护生物学 110
保护世界文化和自然遗产公约 176
本地物种 97
标示牌 166
濒危物种红色名录 81
濒危野生动植物物种国际贸易公约 177
冰川 76

C

财权与政府间财政关系 126
残遗种(孑遗种) 80
草地 72
层片 46
产业转型 140
初级生产量 48
次级生产量 49

D

德国国家公园相关法律法规 180
地壳运动 92
地役权 66
地质公园 21
地质公园相关法律法规 188
地质遗迹 85
第三方评估 109
顶级群落 44

E

俄罗斯国家公园相关法律法规 184

F

法国国家公园 10
法国国家公园相关法律法规 184
法国自然保护地及国家公园 9
法国自然保护地体系 9
访客 151
访客管理 151
访客中心 171
放牧 95
非生物环境 47

非物质文化遗产 86
分布区 78
分解者 48
分解作用 49
分区管理 108
风景名胜区 20
风景名胜区标准规范体系 197
风景名胜区相关法律法规 187

G

GAP 规划法 113
干扰 88
公益性和公共物品 127
公众参与 146
功能分区 118
供给服务功能 50
古生物遗迹 86
关键种 46
关于特别是作为水禽栖息地的国际重要湿地公约 177
管护站 167
管理评估 107
管理体系规划 123
国际公约 175
国际公约、法律法规及标准 175
国际上国家公园立法可借鉴的经验 185
国际重要湿地 22
国家公园 17
国家公园保护对象 70
国家公园财政体制 129
国家公园的标准体系 200
国家公园的公益性 127
国家公园的设立标准 36
国家公园的设立与调整 38
国家公园等自然保护地立法的国际借鉴 178
国家公园地理信息系统 170
国家公园发展规划 114
国家公园公共物品属性 128
国家公园功能定位 35
国家公园管理机构 33
国家公园管理体制 32
国家公园管理制度 34
国家公园规划 110
国家公园规划编制 124
国家公园规划方法 112
国家公园规划理论 110
国家公园规划审批 124
国家公园规划体系 110
国家公园基金 135
国家公园监督考核 38
国家公园空间布局 115
国家公园理念 35
国家公园年度工作计划 124
国家公园人才教育培训基地 148
国家公园生态影响干扰因素 88
国家公园试点在标准规范方面的探索 199
国家公园体制 29
国家公园体制试点立法探索 193
国家公园体制与生态文明的关系 30
国家公园详细规划 123
国家公园选址原则 115
国家公园支出结构 136

国家公园专项规划　119
国家公园资金保障　130
国家公园资金管理　136
国家公园资金制度　126
国家公园总体规划　116
国土空间用途管制　68

H

海洋　77
海洋特别保护区　23
韩国国家公园相关法律法规　183
环保设施　172
环境监测　106
环境教育　159
环境教育规划　121
环境解说员　163
环境影响评价　106
荒漠　73
火干扰　89

J

机构改革前自然保护地管理体制　14
基础设施　165
基础设施规划　122
加拿大国家公园相关法律法规　180
监测信息管理系统　169
建立国家公园体制总体方案　29
建群种　46
解说　162
解说牌　163
解说系统　163
界碑　165
界标　165
界桩　165
京都议定书　176
经营性收入　131
景观　83
景观生态学　111
就地保护　102
就业引导　141

K

科研合作　148
科研监测规划　120
科研中心　168
矿山公园　25

L

历史文化　87
联合国防治荒漠化公约　176
联合国海洋法公约　177
联合国气候变化框架公约　175
林火障碍物　170
领导干部自然资源资产离任审计　38
旅游发展规划　158
旅游环境承载力　157
旅游环境容量　157
旅游活动管控　157
“绿盾”专项行动　40

M

美国国家公园　6

美国国家公园相关法律法规 178
美国自然保护地及国家公园 5
美国自然保护地体系 5
门票 132

N

南非国家公园 12
南非国家公园相关法律法规 182
南非自然保护地及国家公园 12
南非自然保护地体系 12
能量流动 48

P

PPP 模式 133

Q

其他保护地相关法律法规 189
其他自然保护地标准规范体系 198
旗舰种 80
气候变化 89
气象灾害 92
迁地保护 103
潜在分布区 79
全域旅游 151
群落 44

R

人类生产生活管控 148
人文景观 83
日本国家公园相关法律法规 183
入口社区 141
入侵物种 98

S

三江源国家公园条例(试行) 193
三江源国家公园在标准规范方面的探索 199
伞护种 80
森林 71
森林公园 21
森林公园相关法律法规 188
沙化土地封禁保护区 25
沙漠公园 25
山水林田湖草生命共同体 31
商业设施 172
社会参与 143
社会捐赠 147
社会组织 144
社区 139
社区发展 140
社区发展规划 121
社区发展与社会参与 138
社区服务站 169
社区共建共管 138
神农架国家公园保护条例 194
生产建设活动 96
生产者 47
生境管理 100
生境破碎化 99
生境/栖息地 78
生态安全 55

生态保护规划 119
生态保护红线 27
生态补偿 140
生态彩票 135
生态产业 142
生态脆弱性 54
生态弹性 55
生态幅 44
生态管护公益岗位 139
生态过程 49
生态环境保护 100
生态环境损害责任追究 39
生态恢复 101
生态旅游 150
生态旅游概念 150
生态旅游管理站 172
生态旅游规划 121
生态旅游及环境教育 150
生态敏感性 54
生态评价 102
生态体验 153
生态位 44
生态系统 42
生态系统多样性 71
生态系统服务 50
生态系统功能 48
生态系统管理 100
生态系统监测 54
生态系统健康 52
生态系统结构 43
生态系统类型 42
生态系统退化 52
生态系统完整性 50
生态系统原真性 52
生态系统组成 47
生态压力 55
生态移民 148
生态重建 101
生物安全 98
生物多样性 70
生物多样性保护优先区域 27
生物多样性公约 175
生物多样性监测 105
生物多样性影响评估 106
生物监测 104
生物廊道 103
生物入侵 97
生物灾害 93
湿地 73
湿地公园 21
食物链和食物网 48
世界生物圈保护区 27
世界遗产 25
世界遗产相关法律法规 190
事权、财权与支出责任 126
事权与财权的一致性 127
事权与支出责任 126
狩猎 96
水产种质资源保护区 24
水利风景区 23
所有权分级 62
所有者和监管者 61

T

特色小镇 142

特许经营 133
特许经营规划 122
特有种 79
调节服务功能 50
土地流转 149
土壤施肥干扰 94

W

外来物种 97
文化服务功能 50
文物古迹 86
武夷山国家公园条例(试行) 195
物质循环 48
物种多样性 78

X

稀有种 79
系统保护规划法 112
现行各类自然保护地标准规范 196
消费者 48
协同管理机制 34
协议保护 139
新西兰国家公园相关法律法规 182
信息传递 49
休憩设施 172
宣教中心 168

Y

演替 44
医疗急救设施 173
以国家公园为主体的自然保护地体系 17
应急管理 108
英国国家公园 8
英国自然保护地及国家公园 7
英国自然保护地体系 7
优势种 46
游憩机会谱 154
原住民 138
云南省关于国家公园标准体系的探索 199
云南省国家公园法律法规探索 195

Z

政府生态保护资金 130
支持服务功能 50
植被 46
指示生物 104
志愿服务 143
志愿者 143
智慧国家公园 169
中国国家重点保护物种 82
中国生物多样性红色名录 82
中国自然保护地法律法规 186
中国自然保护地法律法规存在的问题和不足 191
中国自然保护地类型和数量 13
中国自然保护地体系 13
中央环境保护督察 39
种群 43
重点生态功能区 28
资源评价 117

资源限制性利用 149
自然保护地 1
自然保护地分类体系 2
自然保护地概念 1
自然保护地体系 1
自然保护区 19
自然保护区标准规范体系 196
自然保护区相关法律法规 186
自然保护小区 25
自然景观 84
自然生态空间用途管控 68
自然遗迹 86
自然资源 57
自然资源产权登记制度 63
自然资源产权交易制度 65
自然资源产权制度 58
自然资源调查与评价 63
自然资源管理 59
自然资源管理体制 60
自然资源监管体制 61
自然资源确权登记 63
自然资源有偿使用制度 67
自然资源资产 57
自然资源资产负债表 67
综合调查 116
最小费用距离法 114